AF470431

LE DARWINISME

ET

LES GÉNÉRATIONS SPONTANÉES

OU

RÉPONSE AUX RÉFUTATIONS

DE

MM. P. FLOURENS, DE QUATREFAGES, LÉON SIMON, CHAUVET, ETC.

SUIVIE

D'UNE LETTRE DE M. LE Dr F. POUCHET

PAR

D. C. ROSSI

Membre de plusieurs Académies de France et de l'Étranger.

PARIS

C. REINWALD, LIBRAIRE-ÉDITEUR

15, RUE DES SAINTS-PÈRES, 15

—

1870

LE
DARWINISME

ET

LES GÉNÉRATIONS SPONTANÉES

IMPRIMERIE L. TOINON ET Cⁱᵉ, A SAINT-GERMAIN

LE
DARWINISME

ET

LES GÉNÉRATIONS SPONTANÉES

OU

RÉPONSE AUX RÉFUTATIONS

DE

MM. P. FLOURENS, DE QUATREFAGES, LÉON SIMON, CHAUVET, ETC.

SUIVIE

D'UNE LETTRE DE M. LE Dʳ F. POUCHET

PAR

D. C. ROSSI

Membre de plusieurs Académies de France et de l'Étranger.

————

PARIS

C. REINWALD, LIBRAIRE-ÉDITEUR

15, RUE DES SAINTS-PÈRES, 15

—

1870

A

MON NEVEU MONSIEUR ÉMILIEN FILLE

NÉGOCIANT ET GÉOLOGUE

A PARIS

CHER EMILIEN,

Nul mieux que vous ne connaît le motif de cet opuscule. Quand l'injustice ou la prévention des hommes sont un obstacle au rayonnement de la vérité, l'ennemi de l'une et de l'autre se doit à lui-même de les combattre. Sur le champ de la lutte on ne mesure ni la taille ni la force des combattants; pourvu que chacun déploie tout ce qu'il a en soi et de vigueur et d'énergie, on ne mérite pas moins de la patrie : le devoir est accompli.

Je crois accomplir le mien, quelque restreint que soit le cercle de mes facultés, en m'efforçant

a

de rendre hommage aux éminents naturalistes modernes, qui, par de persévérants efforts et de remarquables travaux, nous ont appris à lire dans le grand livre de la nature et à ne reconnaître d'autre empire que celui de la raison et de l'expérience.

Jaloux de conserver à certaines traditions religieuses ce cachet d'immobilité que l'on croit compromis en faisant la part de la science nouvelle, quelques savants se sont évertués à réfuter le darwinisme et à rejeter les générations spontanées.

S'il est vrai que le monde, c'est-à-dire son origine et tout ce qui le compose, sont livrés à la discussion de l'homme, nous ne voyons pas en quoi aurait à souffrir la Divinité, que l'on tient à assujettir à un mode de faire bien peu digne d'elle.

Nous ne voyons pas pourquoi la religion serait en péril si Dieu, comme a dit Lacordaire, s'est servi d'un atome pour la création des êtres. La religion est l'observance des vérités éternelles : la justice, le droit et le devoir, choses toutes indépendantes d'une formule chimique, ou des rapports respectifs des éléments de la nature.

M. L. Figuier, s'étant présenté neutre à une séance où M. Pasteur devait prouver la panspermie, en sortit converti à l'hétérogénie en s'écriant : « Dès ce jour je suis gagné aux générations spontanées, et j'aurai le courage de l'imprimer. »

Quoi qu'on fasse pour l'étouffer, la vérité s'impose à un esprit sevré de toute prévention.

Il y a six mois, ne connaissant que des gloses contradictoires sur le darwinisme et l'hétérogénie, je flottais incertain et attendais indécis, lorsque pour m'éclairer et fixer mes doutes, cher Émilien, vous voulûtes bien m'offrir l'*Origine des espèces*, par M. Flourens, de l'Académie française.

Cette lecture, au lieu de me gagner, m'éloigna des idées défendues par l'auteur : tant je trouvai la logique faible, les preuves incomplètes, la passion des vieilles choses impuissante. Je traduirai mes impressions, m'écriai-je, et j'aurai le courage de les publier.

M. le Dr Léon Simon et M. de Quatrefages semblent avoir pris à tâche de soutenir le drapeau de l'opposition, arboré par M. Flourens. En vue de pareils adversaires, c'était pour moi un impérieux besoin d'approfondir la question, en puisant aux sources les plus authentiques. Je dois à votre amabilité le prompt envoi des ouvrages de Darwin et de M. le Dr Pennetier.

Hinc manifesta fides, tunc patuere doli….. J'y trouvai l'appui le plus solide, le critère le plus naturel, la confirmation la plus éclatante pour mes convictions.

D'un autre côté, en observant autour de moi, j'avais lieu de remarquer les esprits les plus dignes d'apprécier la vérité, enclins à la dénaturer, au dépourvu de toutes lumières, et partant étrangers, non-seulement aux faits, mais au vrai sens des choses.

J'entrevis alors le côté utile de ma publication : la *propagande.* Il n'est pas d'humble ruisseau dont le murmure ne concoure à l'harmonie universelle.

Je n'ignore point que les appréciations les plus étranges et les plus….. injurieuses me reviendront de certains esprits pour qui le fameux aphorisme *aut sint ut sunt…..,* est une loi. Les injures sont toujours la mesure de la faiblesse : je les méprise d'avance.

Voici pourtant une explication que je dois à la sincérité de mes intentions. Si ma discussion se trouve parfois poussée trop loin, je n'ai eu d'autre but que de démontrer par elle l'inanité de certaines prétentions à une science qui n'en est pas une. Je proteste ici de mon respect pour toutes les croyances même les plus aveuglément obstinées. On se consume en efforts superflus quand on s'en prend aux idées subjectives : elles viennent de notre tempérament, de la tournure de notre esprit, et corroborées par l'éducation, elles ne s'éclipsent devant aucune lumière.

Ce qui caractérise hautement notre époque c'est la tolérance ; et ce serait une des plus grandes vertus de notre siècle, si, pour certains esprits, il n'était pas aussi malaisé de se taire que d'oublier. Malheureusement, il est des fanatiques qui, impitoyablement sourds, n'écoutent ni le frein de la convenance, ni la voix de la raison [1].

Vous m'avez fait acquérir la conviction, cher Émilien, que vous n'êtes pas de ce nombre. Votre passion pour la science, votre amour du vrai, votre intelligence éclairée vous en éloignent.

Aussi, j'ose me flatter que vous accueillerez

---

1. Tel est ce M. Cauvière, qui, après avoir commencé un sien article dans le journal *la France* par ces mots : *Nul ne respecte plus que moi, certes* (CERTES?), *la liberté de conscience*, tombe à coups de massue sur la mémoire de Sainte-Beuve parce qu'il lui a plu de mourir honnêtement, c'est-à-dire selon ses convictions. *O servum pecus!* Et dire après cela qu'on se vante d'être logique!

avec une indulgente faveur cet opuscule que je vous dédie comme un tribut d'affection et d'estime.

Tout à vous de cœur,

D. ROSSI.

G. ..., 16 octobre 1869.

Res ardua notis novitatem dare.
Sénèque, Hist. natur., préface.

Tous ceux qui ont déjà été amenés à croire à la mutabilité des espèces, rendront un vrai service à la science, en exprimant consciencieusement leur conviction : c'est le seul moyen de soulever la masse des préjugés qui pèsent sur cette question.
Darwin, Origine des espèces.

Il n'est point d'état plus déraisonnable que de rester immobile dans les mêmes idées, quand elles ne sont pas de celles qui forment en quelque manière le lit sur lequel coule perpétuellement la vérité progressive. Cet état implique ou la persuasion que l'on sait tout, que l'on a tout vu, tout conçu, ou la volonté de ne pas voir plus, de ne pas concevoir mieux.
Lamennais.

On demandera à quoi bon ce recueil de faits cent fois cités et qu'on peut lire à toutes les pages... et à qui est-ce qu'on peut apprendre toutes ces choses. Je répondrai que, sans prétendre les apprendre à personne, j'avais besoin de les rappeler et de les rassembler.
Havet.

Quiconque part d'une hypothèse et raisonne logiquement, habitue bientôt son esprit à concevoir les conséquences des prémisses qu'il a lui-même posées.

Geoffroy Saint-Hilaire.

La science n'interdit pas les inductions logiques conduisant l'intelligence quelque peu au delà des conséquences positives et immédiates des phénomènes constatés.

Chevreuil.

Ce qui fait défaut à la science française c'est la liberté philosophique : on l'enchaîne dans l'étroitesse d'un dogme dès qu'elle aspire vers ses hautes régions.

F. Pouchet.

LE

DARWINISME

ET

LES GÉNÉRATIONS SPONTANÉES

———

DARWIN

I

Il est des hommes dont le génie a toute la puissance d'un élément électrique; ils ébranlent l'édifice des vieilles croyances, changent le cours des idées, transforment la science, éclairent les masses, et le retentissement de leur nom se propage comme les ondulations de l'éther en présence d'un météore igné.

Darwin eut cet honneur. Compris et admiré par le plus grand nombre dans ses hautes conceptions, dans la profondeur de ses vues, dans l'élévation de sa raison, il est (et nous disons le moins pour le plus)

1

rejeté par quelques-uns, qui s'indignent lorsqu'ils ne voient pas tout le monde se courber sous le joug de leurs préjugés d'enfance ou plier le genou devant les idoles de leurs principes.

Ces idoles sont pour eux d'autant plus impérieuses, d'autant plus absolues qu'elles sont enveloppées d'un plus mystérieux voile au fond d'un sanctuaire impénétrable et obscur.

Si le mode d'agir qu'ils attribuent à Dieu n'est ni le plus digne, ni le plus rationnel, ils sont heureux d'y trouver une solution apparemment facile et tranchante. Sous l'égide d'une hypothèse systématique, ils ne s'embarrassent ni des difficultés ni des contradictions. Sont-ils pressés, harcelés de toutes parts? La réponse leur est fournie par un poëte, et comme si un poëte hébreu ou français pouvait contre-balancer les données de la science, qui sonde, qui scrute, qui fouille, qui raisonne et déduit, ils s'écrient d'un air triomphant :

> Connaissez, vénérez cette MAIN infaillible
> De celui qui fait tout, et rien qu'avec dessein[1].

Au besoin Voltaire est invoqué; Voltaire honni, berné, sifflé, exécré, maudit? qu'importe, si l'autorité de son nom peut, aux yeux des gens peu avisés, faire pencher la balance? Il ne s'agit que de faire passer par derrière la besace de devant, et... tout va bien.

1. *Examen du livre de M. Darwin*, p. 141.

Tel nous a paru le procédé de feu M. P. Flourens, membre de l'Académie française, secrétaire perpétuel de l'Académie des sciences [1].

Ce n'est pas que M. Flourens ne nous inspire aucun respect même après sa tombe; il est pour nous ce que le géant est au pygmée; son nom est entouré même aujourd'hui d'une trop brillante auréole pour que n'importe qui ait la prétention d'en amoindrir l'éclat. Mais notre but est de démontrer que dans le domaine scientifique, il n'est plus admis de subordonner la solution des questions ardues et discutables à des idées fixes, a des ménagements pour des principes que des exigences sociales nous accoutument à regarder comme sacrés et intangibles. Avec de pareilles réserves, disons-le hautement, on fait de la théologie, et jamais de la science positive. Voilà à quel titre nous nous permettons de hasarder quelques observations sur l'ouvrage intitulé l'*Examen du livre de M. Darwin.*

1. Nous n'avons pris connaissance de son opuscule qu'il y a à peine six mois. Comme c'est aux idées que nous nous en prenons et pas à l'homme, nous pensons que, pour les combattre, ce n'est jamais trop tard.

II

Le premier reproche que M. Flourens adresse au savant anglais, c'est l'emploi d'un langage figuré. Le nom de *nature* le crispe, et dans ce nom il trouve le ver rongeur qui gâte tout le fruit. « Là est le vice radical du livre. » (P. 2, op. cit.)

Quoi ! personnifier la *nature* et par analogie lui attribuer un pouvoir d'*élection* en tout semblable à celui de l'homme ? (P. 9, 10, 11.) Premier crime. « Et puis, par un *dato non concesso*, vous raisonnez, M. Darwin, comme si cette permission vous était accordée ? » Mais qu'est-ce donc que cette *nature ?* C'est à peine si l'on peut absoudre Buffon lorsqu'il nous dit : « La *nature* est une puissance vive, immense, qui embrasse tout, qui anime tout, qui, subordonnée au premier Être, n'a commencé d'agir que par son ordre et n'agit encore que par son consentement. »

C'est de cette prétendue puissance que les naturalistes font leur nature, quand ils la personnifient.

Cette aversion pour la nature où amène-t-elle M. Flourens ? A ce dilemme : Il n'y a que deux origines possibles : la *génération spontanée* ou la MAIN *de Dieu.*

C'est à ne pas le croire. Le style figuré, dont on fait

un crime à Darwin, est adorable sous la plume de notre académicien. Il ne s'agit pas ici de *personnifier* la nature, c'est-à-dire de lui supposer une manière de faire analogue à celle de l'homme, mais de gratifier d'une forme corporelle l'Être suprême, éminemment simple, ce qui ne choque nullement notre savant. Et disons-le en passant, les mots *Providence*, MAIN *de Dieu*, VOIX *divine*, sont-ils moins métaphoriques que le mot *nature* ? Ceux qui dans le langage emploient les premiers, ontologisent aussi bien que ceux qui se servent du second. Ce sont de pures abstractions humaines et... pas davantage. Notre raison ne saurait rien affirmer sur la nature de Dieu, et la foi nous jette dans un vague indéfinissable.

Mais omettons cette légère bagatelle, pour revenir au fameux dilemme. Il n'est pas malaisé d'apercevoir ici un sophisme de *supposition*, sophisme que M. Flourens se plaît à reprocher à Darwin, lorsqu'il le fait raisonner par un *dato non concesso*. Pour M. Flourens, Dieu est, il doit être à tout prix, puisque le monde existe et qu'il ne peut exister que par lui [1]. D'un autre côté, tout repousse la génération spontanée,

1. Que vaut cet argument aux yeux de ceux qui c.oient à l'éternité de la *matière*? En nommant ici la matière, nous n'entendons pas désigner cet amas grossier de molécules dont la combinaison proportionnelle nous donne le minéral, le végétal ou l'être organisé, — tout cela, certes, est loin d'être éternel, — mais ce quelque chose d'impondérable qui remplit l'espace, et dont M. Richard a fait, pour ainsi dire, le corps même de Dieu, si celui-ci peut en avoir un. (*Voir plus loin.*)

quod probandum ; mais en attendant, la rejeter est d'une urgente nécessité, et ce rejet est justifié par d'anciennes observations. (???)

Pourtant. si jamais de nouvelles tentatives amenaient d'autres découvertes en sens contraire, M. Flourens. — supposé encore vivant, — serait tristement obligé de brûler ce qu'il avait adoré, et de récuser son Dieu (ou du moins l'action immédiate de son Dieu) comme une grande inutilité. Car, Dieu, selon lui, n'est une nécessité. que si les créations spontanées sont inadmissibles. Pour établir de telles prémisses sans crainte de tomber dans un précipice, M. Flourens aurait dû posséder *à priori* la connaissance la plus complète des rapports des éléments primitifs, dont la combinaison peut donner lieu à la formation des cellules. ou à la pellicule proligère, en remplaçant tous les principes prétendus constitutifs . de l'*ovum* d'Harvey [1]. Parce qu'aujourd'hui quelques lois nous sont connues. quelques faits ont été constatés, est-on en droit de conclure que nous connaissons toutes les opérations de la *nature,* tous ses secrets, toutes les phases qui précèdent la réalisation complète d'un phénomène ?

---

1. On se tromperait étrangement, au reste, si l'on s'imaginait qu'Harvey entendait par œuf autre chose que la substance organisable. Le texte est clair : « *Substantiam quamdam corpoream, vitam habentem potentiam; vel quoddam per se existens, quod aptum sit, in vegetativam formam ab intimo principio mutari.* » (Voir l'*Appendice.*)

A M. Flourens il faut deux conditions indispensables, pour qu'il conçoive une création, ou pour mieux dire une production vitale quelconque : il lui faut des œufs, et avant les œufs... celui qui n'a besoin ni d'œufs ni de poules pour créer.

Mais puisque le mot *nature* est si effrayant pour des gens timorés, le mot *Dieu* est-il plus rassurant? L'un et l'autre ne sont-ils pas de pure convention de langage? *Dieu* se comprend-il mieux que *nature?* Voyons: voici un homme qui a bien voyagé dans les plus hautes sphères pour connaître Dieu : que nous apprend-il? Il est bon de l'écouter.

« Dieu, dit-il, nous *apparaît* sous la *forme* d'un esprit permanent, qui demeure *au fond* des choses. »

Remarquons en passant le bonheur qui est échu à ce spirite éminent : Dieu lui *apparaît sous la forme* d'un esprit.

Quant à nous, hélas ! nous ne pouvons en dire autant...

« Dieu est la *loi invisible* des phénomènes. » Voilà une métaphore dont M. Flourens doit souffrir *là où il est*, métaphore d'autant plus regrettable qu'elle rend *invisible* ce qui, tout à l'heure, était visible, et réduit à une simple formule (loi), celui en vertu de qui la loi existe.

« Dieu n'est pas en dehors du monde, ni sa personnalité n'est confondue dans l'ordre physique des choses. »

Les personnifications sont admises, pourvu qu'elles

s'appliquent à Dieu... Mais ce Dieu que l'on s'efforce de définir, est-il connaissable au moins? car il n'y a pas de définition sans décomposition en bonne logique. Eh bien! non. « Dieu est, par sa nature même, *inconnaissable* et incompréhensible pour nous. »

Nous enjambons les lignes où Dieu est dit *force intime* et *universelle, formant* les *organismes* et le *monde.*

Loin de nous la pensée de troubler le repos des vivants et même le sommeil des morts.

Mais nous venons à ce qui résume ce long fatras antiscientifique. « Dieu est la pensée inconnaissable, » et plus loin : « nous pensons (c'est une opinion) qu'il est IMPOSSIBLE à l'homme de le comprendre. »

Et M. Flammarion parle de ce qu'il ne comprend pas? Nous ne voulons blesser personne, et laissons à chacun le soin de juger le philosophe.

Mais, M. Flourens, objectera-t-on, était fervent catholique. Nous le savons, et il a bien voulu nous le faire entendre par l'effroi qu'il éprouvait toutes les fois que ses propres découvertes venaient renverser ses idées. Dieu, donc, n'a pu être pour cet académicien timoré qu'un *très-pur esprit*[1]. Est-on plus avancé

---

1. Faut-il répéter ce dont on convient généralement aujourd'hui, que, en dehors de la révélation, l'existence de Dieu est loin d'être prouvée? Les comparaisons de l'horloge et de l'horloger, du navire et du pilote, ont été démolies complétement par nos philosophes contemporains. Il ne reste que la foi. Mais la foi saurait-elle revêtir tous les caractères de la certitude? Ne commande-t-elle pas de croire quand même?

pour cela? Est-il quelqu'un qui puisse se flatter de savoir ce que c'est qu'un *très-pur esprit*, si l'on excepte M. Flammarion à qui il a daigné *apparaître?* Ce qui ne tombe pas sous les sens, répond la sacristie. Fort bien, mais qu'est-ce que ce qui ne tombe pas sous les sens, c'est-à-dire qui est impuissant à manifester sur nous sa présence par une action quelconque? Ce qui n'a pas de parties, reprendra un disciple de Descartes ou de Cousin. Et ce qui n'a pas de parties?.... *inconnaissable, incompréhensible....*

Et dire que **M.** Flourens traite de *gens à imagination* les Buffon, les Lamarck et les Darwin? Et dire que les trois quarts du monde sont composés de ces lynx-là?

Que nos lecteurs ne s'épouvantent pas en nous lisant. Notre but n'est pas d'étouffer leur imagination en leur ôtant Dieu. Nous ne toucherons jamais à ce qui n'est ni connaissable ni compréhensible. Nous avons à cœur de prouver combien les scolastiques étaient raisonnables, lorsqu'ils proscrivaient toute discussion portant sur les mots.

Nous tenons aussi à établir que d'une inconnue on ne dégagera jamais une inconnue.

D'un autre côté, il ne s'agit pas de s'écrier: *C'est impie,* c'est irréligieux; *tolle, tolle.* Ces mots sont loin de représenter des raisons.

Pour nous, l'impiété consiste à limiter la puissance de Dieu (son existence admise), et à le faire dépendre d'un mode d'agir. Car, si la science, comme elle l'a déjà fait, vient à prouver les générations spontanées, que devient le Dieu de certaines gens soumis à une hypothèse tout exclusive?

III

Mais dire que cette *nature* est *inconsciente*, n'est-ce pas tout rapporter au hasard? et avancer que cette nature engendre, défait, recompose, reconstitue, améliore par la faculté dite de sélection, lorsqu'elle est *inconsciente?* c'est un contre-sens intolérable.

Vouloir donner à des forces la conscience, la volonté, la pensée, telles que nous les entendons dans l'organisme humain, ce nous semble chose bien téméraire, pour ne pas dire absurde[1]. Dans votre laboratoire vous mettez de l'hydrogène en contact avec l'oxygène; vous faites intervenir l'électricité afin d'effectuer la combinaison de ces deux corps simples; l'eau en résulte. En avez-vous exigé l'intelligence, la volonté et la pensée? Mais vous avez dirigé l'opération, dira-t-on, C'est vrai, parce que nous avons

---

1. Cette objection a été mise victorieusement à néant par Darwin lui-même dans sa dernière édition. Nous laissons à notre argumentation sa rédaction primitive, fier de cette coïncidence d'idées que nous avons trouvée dans l'auteur. La chicane seule diverge.

voulu nous donner la satisfaction d'une contre-épreuve...; les forces immanentes aux éléments n'ont pas besoin de cette direction ; la loi de sympathique affinité ou de sélection leur suffit...

S'il fallait pour cela l'intervention d'une volonté supérieure, qui ne voit pas dans quel inextricable dédale on jetterait notre raison, pour ne pas dire de quelle responsabilité on chargerait cette MAIN *consciente* dans tous les cataclysmes dont l'humanité, à tort ou à raison, a été la victime? Dès lors, physique, astronomie, géognosie, météorologie, tout se réduit à des hochets de l'oisiveté, *otii oblectamenta*, impliquant iniquité et déraison.

Nous n'ajouterons pas l'autorité de M. Agassiz, qui jouit en Europe de la réputation d'un homme *bien pensant*. Ce savant fait observer qu'il n'est ni nécessaire, ni convenable à la science de faire intervenir l'action de la divinité à chaque instant, parce que cela exigerait un nouveau miracle à chaque nouvelle création[1].

---

1. Nous appelons *nature* le théâtre immense de l'espace où s'accomplissent tous les phénomènes d'une manière invariable, toutes choses égales, à l'aide d'une force universelle dont le poëte a dit avec justesse : *Mens agitat molem*. On nous dira que l'Être suprême n'a pas besoin d'intervenir. C'est par ses lois éternelles... Et qu'est-ce qu'une loi éternelle, sinon l'éternité possible des rapports proportionnels qu'ont les substances élémentaires entre elles? Ce que l'on est convenu d'appeler *lois* n'est autre chose que l'expression de ces rapports *formulée* après l'observation du phénomène. Une chose est, a dit le docteur Bader, elle ne peut pas être sans avoir un rapport

« Si la science a recommencé par la nature, dit M. Scherer, elle ne trouve aucune raison pour en sortir; la nature embrasse toutes les réalités, et, si la philosophie doit conserver son droit à l'existence, c'est à la condition de devenir, elle aussi, une branche des sciences naturelles. »

La disposition du monde, dit Littré, est le résultat des propriétés ou activités du monde. Cette activité, ajoute-t-il, est inhérente aux éléments dont ce monde est le produit, — et elle l'est au même titre que leur est inhérente la gravitation, la chaleur, etc.

IV

Ce que nous venons de dire nous conduit naturellement à la question des générations spontanées et à la mutabilité des espèces.

M. P. Flourens, en niant les générations spontanées, nous paraît s'être frappé lui-même d'anathème. « Tous les gens à imagination, dit-il, sont gens à système; le système consiste à ne voir les choses que d'un côté. »

au moins d'affinité ou de répugnance, d'attraction ou de répulsion; ce qui constitue une modalité quelconque. Eh bien! la constatation de ce fait, c'est ce que l'on est convenu d'appeler loi. Mais la loi n'est pas une entité, voulant, ordonnant, prescrivant, forçant, déterminant n'importe quoi.   (*Revue populaire de Paris.*)

Certes, les expériences sont des arguments irrésistibles, mais parce que quelques phénomèmes s'accomplissent d'une certaine façon aujourd'hui, il y aurait
témérité à dire que tous les faits de là nature en tout
temps se sont accomplis de même.

Pour être sûr de la valeur de sa négation, il lui
faudrait pouvoir actualiser les mêmes conditions du
monde primitif, alors que les forces qui animaient la
matière étaient dans toute leur vigueur, et que la substance tellurique n'était ni altérée, ni affaiblie.

Nous ne croyons pas que M. Flourens se soit dissi-
mulé toute l'importance qu'aurait la seule possibilité
des générations spontanées aux temps primordiaux,
et pour conclure à leur impossibilité, il n'est pas de
recherche du genre qu'il n'ait signalée, pas d'observation, bien que rare, unique, qu'il n'ait invoquée à
son secours, et confondant pour ainsi dire la vieillesse
du monde avec sa jeunesse, il a argué de l'impuissance
de celle-là par l'énergique fécondité de celle-ci. Mais
laissons les généralités, et pressons davantage l'adversaire de l'hétérogénie. Pourquoi les générations spontanées sont-elles impossibles ? Rien n'est plus étrange
que de voir un savant généraliser ses conclusions sur
des expériences que rien n'autorise à rega:der comme
irrécusables, soit que toutes les conditions n'aient pas
été remplies pour atteindre le but proposé, soit que
la science n'improvise pas les procédés les plus
efficaces, et dont le temps seul et la patience sont les
dispensateurs.

Il y a près de trois siècles, quand Gilbert, Otto de Guericke, Dufay, nous ont donné de l'électricité artificielle ; un témoin septuagénaire, fût-il du calibre de M. Flourens, n'aurait-il pas juré sur son âme que jamais rien autre n'aurait pu fournir un pareil élément ?

Volta lui-même eût-il songé, il y a près d'un siècle, que mille piles différentes, plus légères, plus portatives et plus puissantes surtout, eussent fait oublier la sienne ?

Citer l'expérience de Redi *telle quelle*, suffira pour nous dispenser de tout commentaire. Redi, dit M. Flourens, met de la chair fraîche, et il ferme immédiatement le vase ; la chair se corrompt, mais il ne s'y produit point de vers. Redi fait mieux.

Dans ce vase fermé, l'air n'avait pu se renouveler. Redi fait construire une espèce de cage qu'il entoure d'une gaze fine : et dès lors c'est sur la gaze elle-même que les mouches viennent déposer leurs œufs.

La viande, protégée par la gaze, ne donne point de vers. Donc, s'écrie d'un air triomphant M. Flourens, aucune matière pourrie ne produit d'animal vivant. Donc *omne vivum ex ovo*.

Quand on connaît tout ce que doit la science aux investigations et aux travaux de notre feu savant, on se demande si à un certain âge, l'homme voyant devant lui l'horizon se restreindre, ne se sent pas dominé par d'autres préoccupations que celles de pousser plus loin le domaine de la vérité. On dirait que les forces de l'esprit. comme celles du corps, refusent de marcher en avant. Qui ne voit pas en effet que Redi s'est livré à ses expériences avec la naïveté de l'enfant, qui, sans principes et sans art, s'essaie à tracer sur du papier des figures et des paysages, et s'extasie d'admiration devant ses grossières ébauches? Comment oser s'en prévaloir lorsqu'on sait tout ce que demande impérieusement de procédés délicats, de précautions nécessaires, de conditions indispensables la plus légère expérience, si bien que M. Pasteur lui-même, si habile pourtant, a été surpris y faillir et frappé d'avance de nullité dans ses essais?

Chez l'expérimentateur italien vous cherchez en vain et le degré de chaleur voulu, et la quantité d'électricité requise et le liquide indispensable pour faciliter la macération.

M. Flourens, en composant son ouvrage, 1864, a pu oublier que deux fois convaincu par M. le docteur Pouchet (voir plus loin) de l'inexactitude et de l'irrégularité à l'aide desquelles M. Pasteur opérait — pour ne rien obtenir *volens aut nolens,* — il s'est écrié, lui Flourens: *c'est tout ce que l'on a objecté jusqu'à présent de plus fort.* Oui, il y a quelque chose de plus fort que toutes les traditions accréditées en temps d'ignorance, par des prestidigitateurs, c'est la vérité, c'est le respect des lois naturelles.

Qui donc a jamais eu la prétention de produire des êtres organisés tout d'une pièce? qui peut vouloir dépasser le savoir-faire de la nature?

Nous omettons de parler de Van Bénéden cité par
M. Flourens, comme ayant fait sur les vers intestinaux,
des découvertes étonnantes, incomparables, étourdis-
santes. Vraiment, c'est inconcevable. Quoi ! M. Flourens ne s'est-il pas aperçu qu'il déplace la question ?
De ce que les vers intérieurs ont des organes génitaux,
voire très-compliqués, de ce que les vers parasites
sont sujets à des transmigrations et à des métamorphoses, on se croit en droit de conclure à l'impossibilité des générations spontanées ? C'est absolument
comme si l'on disait : le ver solitaire de l'homme
(*tænia solium*) vient du cysticerque celluleux du cochon [1]. Dieu en créant le cœnure par un miracle à sec,
selon l'expression de Michelet, s'est bien passé d'un
œuf pondu, mais à coup sûr, il a eu besoin d'un
cochon pour lui greffer le délicieux parasite, afin que
l'homme en héritât à son tour (précieux héritage mais
inévitable ; car *Deus nil frustra molitur*). Et pourquoi
cette nécessité pour le Créateur ? Ah ! c'est en vertu

1. Pour que cet étrange parasite arrive à son entier développement, il lui faut subir trois phases : celle d'œuf (l'œuf est pondu
dans l'intestin du carnivore *; celle de l'embryon (l'œuf avalé par
un herbivore y prend son premier développement, et devient cysticerque (*kistis*, vessie ; *kerkos*, queue), ou cœnure ; celle d'adulte,
développement définitif acquis chez un carnivore qui a dévoré
l'herbivore, c'est-à-dire chez l'homme qui aurait mangé le mouton.

* M. Flourens qui affirme, sur la foi de Van Bénéden, la ponte de l'œuf
chez un carnivore, s'est-il soucié de demander : mais *cet œuf, qui l'a pondu?*
On voit que c'est toujours le même mystère de la part des savants, qui
prennent la Bible pour point de départ en l'interprétant à leur guise :
Accepter le fait sans en chercher l'explication.

d'une loi, répond M. Flourens. C'est ainsi que *nous voyons aujourd'hui les vers vésiculaires des herbivores* devenir des vers rubanaires dans les carnivores ; comment prétendre que la métamorphose se passât autrement dès le principe ? Est-ce qu'on se permettrait de dire que la chose est impossible à Dieu ? Voilà où mène le raisonnement de parti pris, c'est-à-dire, dicté par le respect pour des croyances qui reposent sur la foi, comme dit fort bien l'abbé Blanc, mais nullement sur la science, comme repart Emmanuel Briard.

Les arguments tirés de Babiani n'ont pas plus de valeur. Dire, comme le fait M. Flourens sur son autorité, qu'il n'y a point de génération spontanée, parce que les infusoires naissent avec des sexes distincts, c'est-à-dire portés sur des individus différents, et avec la propriété de pondre des œufs après accouplement, c'est pour le moins juger la question à *priori* et d'une manière hypothétique. Les conséquences que cette manière d'argumenter nous donnerait droit de tirer. prêterait un large champ à la plaisanterie la plus piquante, et quoi qu'il en soit de l'arme du ridicule, nous aimons mieux y renoncer en pareille matière, en faisant grâce à nos lecteurs de l'hermaphrodisme incomplet de l'escargot.

Que de bénévoles lecteurs qui, se contentant de l'écorce des choses, s'inclinent devant un grand nom, ont dû s'écrier avec M. Flourens à la page 163 : donc la génération spontanée n'est qu'une chimère !

Ce qu'il y a de fâcheux, c'est de surprendre des

hommes sérieux, enchaînés au char des préjugés par leur éducation et par les habitudes de leur esprit.

Au IV⁰ siècle la croyance aux antipodes était réprouvée comme hétérodoxe. Colomb a donné les antipodes au monde, et la religion n'a pas péri.

La fin du monde était fixée à l'an mille. Saint Jean l'avait dit, l'Église ne cessa de le prêcher.....

L'an mille n'a pas vu le monde s'écrouler, et la religion n'a pas péri.

Le soleil, pendant quatorze siècles, passa pour se promener autour de la terre. Galilée l'arrêta, et, au nom de la raison, il fit circuler la terre autour du soleil. Dieu sait si l'Église s'effraya de cette hardiesse !...

Or, comme il n'y a que le vrai qui dure pour tous, Galilée a triomphé des vains scrupules des partisans *de la lettre;* mais la religion n'a pas péri.

Si quelqu'un, avant le XIX⁰ siècle, eût osé soutenir que jamais le monde n'avait pu être l'œuvre de six jours, et qu'avant l'apparition du soleil — contrairement au récit mosaïque — il ne pouvait y avoir à proprement parler, ni *matin* ni *soir*, certes, il eût été saintement roué et pieusement brûlé.....

Le savant Donou approche un pontife fait pour comprendre le langage de la raison, et Pie VII, depuis 1804, permet de croire aux époques et non aux six jours. Adieu sens littéral de la Bible, mais la religion n'a pas péri.

Nous pourrions allonger la liste de tant d'erreurs

qui n'ont jamais eu d'autre source que la prétention
et l'exagération bien réduites, hélas! et bien réduc-
tibles encore par l'inflexible logique de faits. L'illustre
président du congrès scientifique de Norwik n'avait-il
pas raison de souhaiter deux lignes parallèles dont
l'une serait parcourue par la science et l'autre par la
religion, sans jamais se choquer, poursuivant toutes
les deux le même but, la vérité?

Mais avant que ce conseil, empreint d'une haute
sagesse, soit généralement compris, il nous faudra
encore nous heurter contre l'injustice des hommes
aveuglés par l'esprit de parti, ou dont la vue est trop
affaiblie par l'âge pour soutenir tout l'éclat d'une
nouvelle découverte.

V

Veut-on voir jusqu'à quel point M. Flourens a été le
jouet de ses propres illusions? Écoutons les lignes
suivantes :

« On a cru, dit-il, pendant vingt siècles (c'est assez
raisonnable) à la génération spontanée des insectes,
sans réfléchir que. seule et prise à part, la génération
spontanée n'eût servi à rien. Sans les prévisions ins-
tinctives des mères, le nouvel être, inopinément

arrivé au monde, eût manqué de tout, et eût nécessairement péri. »

Qui ne voit pas dans ces lignes tout le poids qu'il donne à la théorie darwinienne?

Il est incontestable que M. Flourens ne peut échapper à toutes les objections que font naître ses réflexions qu'en se cachant derrière la *Main* mystérieuse de Celui... Mais il a oublié de nous dire, si cette *Main* visiblement ou invisiblement donnait la pâture et prodiguait les soins propices aux êtres naissants qui avaient besoin de secours maternels ; ou bien si cette main miraculeusement puissante a forgé les êtres primitifs tout d'une pièce, beaux, grands, adultes, aguerris et robustes.

Pour de tels savants la formation primordiale des sphéroïdes célestes. leurs phases, leurs révolutions, la différence de leur âge, donnant lieu à la différence des produits, la modification de ces derniers s'effectuant sous l'influence du milieu où ils se trouvent, tout cela n'est rien. *Deus creavit cælum et terram :* c'est là le seul symbole possible pour tout homme « dont le raisonnement ne doit pas bannir la raison. » *Créer,* est-ce *tirer* du néant? Moïse ne le dit pas, mais eux le supposent[1].

---

1. Moïse avait trop d'esprit pour le dire; et l'on ne saurait pas trop en faire honneur au P. Gratry, lorsqu'il s'est évertué à démontrer, non pas par $A + B$, comme le fait observer un spirituel écrivain, mais par $\frac{A}{0}$ que Dieu ou l'infini peut parfaitement créer quelque chose de rien. Et par quelle raison? parce que, dit-il, en

Créer, est-ce donner une forme convenable à la matière pour en faire des êtres, ou les souffler tout faits comme des bulles de savon? Moïse ne le dit pas; au contraire, il fait sortir l'homme d'un minéral préexistant; mais pour eux il faut le potier ou point. Et cela s'appelle la vraie science, dont le vrai dépôt est à Rome, nous a dit M. Veuillot. Comme on le voit, son acquisition ne coûte guère, si ce n'est un acte de foi.

Donc, l'homme a été poisson, s'écrie M. Flourens, en abordant le changement des espèces?

Deux réflexions au préalable : cette question est ce que nous appellerions *argumentum ad ignarum*. Le pauvre... d'esprit se révolte à l'idée d'avoir à compter

multipliant $\frac{A}{0}$, qui est la représentation mathématique de l'infini, par 0 ou rien, on obtenait $\frac{0}{0}$, c'est-à-dire une valeur quelconque.

Le Père Enfantin n'a pu s'empêcher de reconnaître tout ce qu'il y avait d'ingénieux dans cette démonstration ; mais avec cette sagacité et cet esprit mathématicien qui le distinguaient, il a prouvé d'une manière triomphale que le vaillant théologien aboutissait à démontrer le contraire; puisque, dit-il, pour faire quelque chose avec zéro, il fallait au préalable être en possession de A, qui, dans le langage algébrique, désigne une valeur parfaitement déterminée *. (Voir *Origine et fin des mondes*, par M. Richard. Paris, chez Pagnerre. *La Vie éternelle*, par le Père Enfantin. Chez Dentu.

---

* Mis au pied du mur, certains apologistes modernes ont répudié la traduction du *creavit* par *tira du néant*, et l'ont remplacée par celle-ci qui ne vaut pas mieux : Dieu qui *était, créa* ce qui n'était pas. Nous ne savons pas ce que dirait Moïse de cette périphrase. On lui fait dire ce qu'il n'a pas dit. Mais, n'en déplaise à M. L. Simon et à tous les complaisants interprètes : le mot *créer* n'étant pas défini, la difficulté du néant subsiste toujours. (*Voir plus loin.*)

dans son tableau généalogique un marsouin ou... un aptéryx, voire même un crapaud : et les collets montés de la science spéculent sur l'effet produit par cet argument. Mais, si Dieu peut appeler du néant quelque chose à la vie, ne lui est-il pas plus facile de faire dériver un être quelconque de quelque chose de préexistant, par quelques modifications d'organes, par quelques déviations physiologiques ? Et, ce point admis, on pressent où peut conduire la perfectibilité des êtres, ainsi que la loi de sélection.

Pour nous, nous sommes aussi saisi d'admiration devant l'ancêtre choisi par M. Huxley [1] au congrès d'Oxford, que devant une transformation quelconque d'un animal devenu par déviation homme et femme à la fois (*voir plus loin*), ou devant une apparition soudaine pareille à celle dont fut témoin Cadmus.

---

1. Bien que cette anecdote soit assez répandue, n'ayons garde de l'omettre ici. La *Société pour l'avancement des sciences*, étant réunie à Oxford, l'évêque de cette ville, dans son fanatisme religieux, laissa éclater son indignation en termes fort peu charitables contre Darwin, au sujet de notre prétendue descendance d'un quadrumane, descendance, au reste, qui peut se déduire de sa théorie, mais qui n'est nullement affirmée par le naturaliste anglais : Milord, s'écria le professeur Huxley, si j'avais à choisir mon père entre un singe quelconque et un homme qui flétrit de sa parole un savant, occupé toute sa vie au progrès de la vérité, je préférerais être le fils d'un humble singe.

VI

Cela prémis, voyons ce que vaut en soi-même le principal pivot de la théorie darwinienne.

La mutabilité des espèces tend à unifier l'origine des êtres ou le mode de leur apparition. Elle trouve son appui dans la raison : la vie a dû s'améliorer, se compléter, se perfectionner à différentes époques; elle n'a pu le faire qu'aux dépens des espèces antérieures et à l'aide de la loi sélective. C'est l'opinion de Darwin. Cette opinion, corroborée par des vues rationnelles et par de sérieuses recherches, nous paraît mieux que toute autre théorie se prêter à la solution du problème. D'Alembert s'écriait étonné : Pourquoi le quelque chose qui existe, est-il plusieurs choses ? L'unité de composition dans le règne animal est aussi logique que l'unité de composition dans le règne végétal et minéral.

Les faits eux-mêmes, dès le principe, si l'on observe bien, se chargent de le prouver.

Jetons un coup d'œil sur la vie végétative; les plantes primitives ne semblent avoir qu'un type. Les cryptogames ont tous un air de famille : les lépido-dendrons, les calamites, les sigillaria, les névrop-téris, les odontoptéris, les pécoptéris, les cycadées, les zamia, de combien diffèrent-ils ?

Quant à la série animale, elle est une chaîne immense, dit Debay, dont le premier anneau commence au zoophyte et le dernier se termine à l'homme sans aucune interruption dans sa continuité. L'anatomie comparée n'a-t-elle pas suffisamment démontré que, dans l'échelle animale, tous les êtres se touchent par des rapports d'organisation, et que ces rapports sont d'autant plus étroits que l'être appartient à un échelon plus voisin ?

L'embryogénie, ajoute le même auteur, fruit d'une observation profonde, est enfin parvenue à établir, sur des bases fixes, l'évolution de l'œuf ; elle prouve que chaque animal, plus ou moins élevé dans la série, n'arrive au développement organique qui le caractérise, qu'après avoir passé par tous les degrés d'organisation des êtres inférieurs à lui.

Ainsi, prenons les acéphales, les premiers, après les zoophytes et les polypiers, à marquer le règne animal. Les spirifers, les productus, les asaphes, les calymènes, les pentamères, les orthis, semblent ne se rattacher tous qu'à un type, et ne différer entre eux que par des accidents de forme.

Si, du terrain primitif, nous passons au terrain secondaire, nous ne tarderons pas à reconnaître que les végétaux du terrain pénéen et du trias diffèrent des premiers par la dimension plutôt que par la forme. La *voltia heterophylla* et le *pterophyllum pleiningerii* sont là pour l'attester.

Les rares poissons du terrain houiller trouvent

leurs analogues dans les formations suivantes et les ammonites du terrain keuprique pourraient bien être les descendants directs des *orthoceras* du terrain houiller, les peignes dériver des spirifers, ainsi de suite.

Faut-il citer ici le mégalichthys, poisson monstre, tenant à la fois du poisson et de la tortue ? Non-seulement il pouvait vivre dans l'eau, mais il sortait et rampait à terre, ayant des nageoires allongées comme les pattes de tortue. Cet animal n'a-t-il pu se dédoubler et donner naissance par transformation à deux espèces différentes ?

Viennent les reptiles.

Supposons que le labyrinthodon et le dactyloptère, après les premiers crustacés, aient été deux genres qui ont fait leur apparition dans le trias, selon le célèbre Owen.

Soit déviation de type, soit transmutation déterminée par les puissantes causes indiquées par Darwin, telles que l'adaptation, la sélection, etc.; on voit que rien ne s'oppose à ce que l'ichthyosaure et le plésiosaure en dérivent. Du plésiosaure au ptérodactyle et au crocodile de Maëstricht, le lien de parenté n'est pas difficile à établir. Des ptérodactyles aux volatiles la transition n'a rien d'impossible.

L'aspydorinchus, dont la tête rappelle parfaitement le saurien de la Meuse, nous semble offrir un trait d'union incontestable entre les sauriens et les autres poissons de plus fortes dimensions. Est-il possible qu'au terrain tertiaire, les cétacés aient remplacé, comme par un coup magique, les monstrueux reptiles dont nous avons parlé? Le ziphius de Cuvier n'aurait-il pu constituer un genre intermédiaire et marquer le passage entre les derniers sauriens et les cachalots dont il se rapproche? (Voir plus loin.)

La filiation jusqu'au sarigue ne serait pas difficile à admettre et l'on peut soutenir que nulle espèce ne s'est affirmée par ses caractères spéciaux, dans la série des mammifères, sans avoir eu quelques ancêtres à formes intermédiaires annonçant une modification quelconque. C'est ainsi, par exemple, que le chœropotame ou porc des fleuves paraît former le passage entre l'anoplothérium et le cochon domestique [1].

Les savants sont unanimes à reconnnaître que le sivathérium tenait à la fois du bœuf et du cerf [2].

Enfin, si ces animaux ont été mentionnés par d'autres, on nous permettra une remarque nouvelle que nous fournit l'historique du *trilobite*, par le professeur Brong. Ce crustacé avait été longtemps confondu avec les insectes ; mais un examen plus approfondi, commandé par d'autres découvertes, a démontré que

1. La simple inspection anatomique nous a suggéré ces réflexions. Nous savons qu'elles sont loin de répondre aux exigences de quelques savants; nous y reviendrons. Au reste, qu'on se garde de prononcer sur cette question avant d'avoir lu Darwin. Il est impossible de dépenser plus de savoir qu'il ne l'a fait à prouver la mutabilité des espèces.

2. Cet animal étrange a été trouvé au pied du mont Siva, branche de l'Himalaya.

le *calymene Blumenbachii* est une forme plus achevée
d'un progéniteur moins bien prononcé, tel que le
paradoxoïdes Tessini. Superflu d'ajouter que ce dernier avait été rangé, en raison de son ambiguïté,
parmi les insectes.

Mais comment expliquer l'existence de ces êtres
microscopiques dont un millimètre contient plus de
deux millions? Existaient-ils avant la formation crétacée qu'ils semblent composer à eux seuls[1]? Et, si
leur existence antérieure n'est pas prouvée, on ne
saurait l'expliquer que par la génération spontanée
des infusoires, se manifestant aussi bien après l'é-
poque jurassique qu'aujourd'hui entre les mains de
M. le docteur Pouchet, *toute proportion gardée des
moyens aux effets*.

Ce que nous disons des millioles, etc., peut s'appliquer
à d'autres insectes, sans que Darwin s'en effarouche,
d'un côté, et que les croyants timorés, de l'autre,
soient obligés d'invoquer l'intervention de la puissance divine pour des êtres dont la constitution et le
rôle, souvent plutôt nuisibles qu'utiles, ne semblent
répondre à aucun plan providentiel.

Nous allons plus loin à propos de Providence. Si
c'est à Dieu qu'il faut faire honneur de la création de
chaque espèce en particulier, nous demandons quelle
fut la raison d'être pour tous les animaux qui dispa-

---

1. Nous raisonnons ici d'après quelques géologues qui ne semblent
reporter qu'au terrain tertiaire l'apparition des millioles, des infusoires, etc. (*H. Berthoud, Beudant. Fœillon.*)

rurent tour à tour depuis la période silurienne jusqu'à l'époque liasique comprise? Il ne sera pas difficile à Darwin de nous octroyer une réponse ; mais que nous rép ndront les partisans de la Bible? *Dieu l'a voulu.* Ainsi ce qui dans le système darwinien a un sens et un but, n'accuserait, chez ses adversaires, qu'un pur caprice de la part de la divinité. Est-ce clair?

Nous ne comprenons pas que l'on puisse objecter à Darwin qu'un animal carnivore terrestre n'a pu être transformé en animal aquatique, puisque, comme fait observer M. Darwin, dans le même groupe, il existe des animaux carnivores qui présentent tous les degrés intermédiaires entre des habitudes véritablement aquatiques et des habitudes exclusivement terrestres[1].

Au reste, on verra plus loin que ce langage est d'une énorme inexactitude, car c'est l'inverse qui a eu lieu.

Ce que nous comprenons aussi peu, c'est que Darwin s'avoue embarrassé pour expliquer comment un quadrupède insectivore peut avoir été transformé en chauve-souris, capable de vol.

Ne semble-t-il pas tout d'abord que ce sont là des objections légèrement imaginées? car, pour qu'elles eussent quelque portée, il faudrait savoir si l'insecte quadrupède précède l'autre dans la vie animale, pour

---

1. D'après notre manière de voir, que nous développerons plus loin, les animaux aquatiques ont pu se transformer en terrestres, et non vice versâ.

en conclure que l'un est le résultat de la métamorphose de l'autre.

On rirait également de celui qui prétendrait qu'un chétif batracien a donné naissance à un bœuf de belle taille, ou un ciron à un éléphant. Nous avons souvent entendu débiter de pareilles sornettes, dont, pourtant. on ne trouve pas l'ombre dans Darwin.

Il est des gens qui se croient tout permis pour faire de l'opposition.

Nous omettons de parler de *la lutte de la vie*, lutte à laquelle Darwin attribue la survivance de certaines variétés bientôt converties en espèces nouvelles. Son argumentation est forte, concluante et riche de faits qu'il n'est donné à personne de biffer.

Cependant, on nous permettra de croire que la génération spontanée, à la suite d'un bouleversement ou d'une destruction, a pu s'effectuer avec des conditions nouvelles et plus favorables au développement de certains organismes. Mais ce n'est là qu'une manière de voir toute personnelle et toute limitée, par laquelle nous entendons, dans une certaine mesure, étayer plutôt que combattre la théorie darwinienne.

Nous reconnaissons en principe que certains accidents de forme peuvent petit à petit s'accentuer de manière à devenir les marques distinctives d'autres espèces, parce que, et M. Em. Briard a raison de le soutenir, l'être naissant pouvait transmettre ces caractères particuliers à ses descendants, ces caractères n'étant nullement influencés ou contre-balancés par les caractères de la transmission ou de parenté ascendante.

La tératologie pourrait bien nous donner une idée de cela, elle qui, ayant ses classifications en genres et en espèces, est loin d'être regardée comme un pur accident passager et insignifiant.

Aujourd'hui que la transmission héréditaire est toute-puissante, elle empêche *généralement* la variabilité des espèces. Nous disons *généralement*, mais non *universellement*, mais non *absolument*. Il nous faudrait avoir vécu quelques millions d'années pour nous interdire toute réserve.

VII

Les formes intermédiaires, donnant lieu à des espèces nouvelles, ont-elles duré longtemps? ont-elles laissé des traces?

M. Darwin répond assez péremptoirement à cette question, comme nous verrons plus loin. Mais qu'importe la durée? Par cela même qu'elles étaient ambiguës, leur existence ne devait être que passagère. Mais on répliquera : Ces formes intermédiaires sont loin d'être toutes constatables. Toutes assurément non, mais il suffirait qu'une seule pût l'être, pour que le principe fût à l'abri de toute attaque.

Au reste, la question des espèces, leur limite, leur caractère distinctif, ne nous semblent pas des questions d'une aussi haute importance qu'on voudrait le faire croire. Aujourd'hui, la fécondité continue est une condition suffisante pour déterminer l'espèce, mais cette condition ne saurait s'appliquer aux temps antérieurs aux nôtres.

La question des générations spontanées, à nos yeux, domine toutes les autres questions. Or, MM. Pouchet et Pennetier sont là pour soutenir victorieusement l'affirmation de ce fait.

Les espèces peuvent se multiplier en variant entre elles; la raison n'y répugne pas et l'expérience le confirme; de sorte que nous n'avons besoin ni de recourir à une main providentielle, ni à une cause finale, ni à une création successive.

Indépendamment de ces raisons, l'intervention de la divinité pour la création de chaque individu, ou de chaque corps, que viendraient détruire des causes accidentelles, n'est ni digne de lui, ni admissible par la raison. (Voir plus loin.)

L'INSTINCT

VIII

M. Flourens relève dans son ouvrage ce qu'il appelle la naïveté de Darwin au sujet de l'instinct, qui, d'après le naturaliste anglais, serait le résultat de *petites conséquences contingentes*. Et pourquoi s'en moque-t-il? parce que l'instinct est inné.

Avant de discuter M. Flourens et d'interpréter M. Darwin, il est bon de s'entendre sur la définition de l'instinct, si faire se peut.

L'instinct, a dit Gatien Arnould, est un acte de volition spontanée, qui a sa cause occasionnelle dans un désir résultant de la constitution reçue de la nature, et que l'on considère comme nous piquant en dedans (de *instizo*, piquer).

Ou bien, selon un autre philosophe, c'est un penchant irréfléchi, une impulsion naturelle, un sentiment inné, qui porte les animaux à exécuter dès leur naissance des actions importantes, souvent très-compliquées et toujours conformes à une fin qui est la conservation de ces animaux ou celle de leur espèce. (*Delafosse.*)

Nous devons reconnaître que ces définitions sont très-absolues et supposent des vues systématiques : à savoir que chaque animal, dans son espèce, sort de la *main* de Dieu, dûment conditionné et bien disposé pour un rôle à jouer dans la création. Car, comme le fait remarquer Darwin, fort de l'autorité de Pierre Huber, même les animaux placés le plus bas dans l'échelle, accusent, dans leurs actes primitifs, une petite dose de jugement et de raison. L'habitude que l'on contracte en raison de certaines circonstances particulières, habitude de goûts, de pose, de marche, de geste, d'inflexion de voix, d'émission de cri, de tics en un mot, devient héréditaire dans la famille ou dans l'espèce. Nous ne taririons pas sur ce point, si nous n'aimions pas mieux appeler l'attention sur les traits autrement probants et significatifs, dont Darwin a enrichi ses pages sur l'instinct. Quoi de plus curieux que ces fourmis, dont les unes, dans le même nid, sont fécondes ; les autres stériles, et parmi les stériles deux castes différentes, bien que nées de parents communs ?

Cependant, sans trop nous écarter des définitions classiques, on conçoit aisément que, si l'instinct est une excitation, une impulsion interne qui fait agir en raison du besoin, du désir *résultant* de *l'organisation spéciale*, l'instinct est variable, puisque cette organisation peut varier.

Essayons de le démontrer : plus de cent espèces de fossiles, appartenant au même genre, ont été trouvées dans les roches des États-Unis : elles correspondent toutes avec celles de la formation crétacée en Europe. Sont-elles *identiques?* Trois espèces seulement le sont, répond M. Philipps. Et les autres? les autres varient. Est-il naturel de croire que leurs instincts étaient identiques, ou n'est-il pas plus rationnel de supposer que les circonstances locales, qui ont influé sur leur organisme, ont entraîné aussi des modifications dans leur moral [1]? Le besoin est un tyran impérieux qui fait surmonter bien des dégoûts, bien des aversions, et nous pourrions citer un chat affamé devenu herbivore, comme des herbivores devenus carnivores. Cela est plus facile à concevoir, lorsqu'il s'agit d'animaux propres à une double existence, aquatique et terrestre, dont a fait mention Darwin.

1. Ces changements proviennent de ce que les conditions d'existence ont pu varier avec la différence de climat, de localité, motivant aussi une diversité de période, et une non-simultanéité de dépôt. La preuve palpable en est en ce que cette modification se montre dans des contrées fort écartées, tandis que toute dissemblance disparaît en raison directe de la proximité. Ce phénomène, que le géologue Hitchcok déclare inexplicable, vient de trouver admirablement sa raison d'être dans les intéressants chapitres de la *distribution géographique* de Darwin.

Une remarque à l'avantage de la théorie darwinienne : tandis que les espèces de l'intérieur de l'Amérique diffèrent de celles de l'Europe, celles des côtes des deux continents, au nombre de trente-quatre, sont d'une étroite ressemblance entre elles, *close a resemblance,* selon *Morton' Synopsis.*

Mais c'est *tel* ou *tel acte très-compliqué*, reprend
M. Flourens, *très-déterminé qui est inné :* la toile de
l'araignée, la cellule de l'abeille... etc.

M. Flourens aurait-il pu assurer que dès l'origine
existait cette complexité dont il croit se faire une
arme si puissante? Des modifications accumulées par
gradation peuvent bien communiquer à l'individu
naissant qui en hérite, des instincts corrélatifs et modifiés. Cabanis ne laisse pas de faire observer que la
mutilation et certaines maladies produisent d'étranges
effets sur les penchants des animaux. Nous ne prétendons établir aucune analogie entre les faits entre-
vus par Darwin et les modifications d'instinct, aux-
quelles fait allusion le savant physiologiste de
Cosnac.

Mais nous nous croyons permis d'induire que des
déviations intérieures, des organes graduellement
modifiés peuvent et doivent même nécessiter des modifications dans les facultés mentales.

Hœnsinger, Sichel et Chiff pourraient nous signaler
des expériences propres à vaincre la répugnance de
bien des difficiles à cet égard, et le docteur Herzen,
dans son *Étude physiologique de la volonté*, nous affirme
à la suite de plusieurs exemples, par lui cités, de chats
et de chiens, qu'il n'est pas de conformation spéciale
de l'organisme qui n'imprime à tout l'être un caractère
particulier.

Pour que M. Flourens eût raison contre Darwin, il
lui aurait fallu prouver que celui-ci, en admettant la

mutabilité de l'espèce, prétendit laisser subsister l'instinct de l'espèce-mère. Mais comment oserait-il y prétendre puisque les différences survenues dans la forme organique donnent nécessairement des habitudes différentes? Concluons.

M. Darwin, certes il l'avoue, n'a pas la prétention de démontrer l'origine première des facultés mentales; mais il a suffisamment prouvé qu'elles peuvent changer, comme il peut y avoir des modifications dans l'organisation physique, bien entendu sans aucun besoin de simultanéité.

Les faits les plus curieux qu'il a réunis pour le démontrer, sont de la plus haute importance, et souvent il est assez perspicace pour remonter merveilleusement jusqu'à l'origine. Ses beaux articles sur l'identité d'instinct entre des espèces alliées, mais fort distinctes, bien que vivant dans des contrées bien distantes, sur l'aphis et la fourmi, sur les instincts du coucou, de l'autruche et des abeilles parasites, sur l'instinct esclavagiste des fourmis, sur les insectes neutres et stériles, attestent que les objections tirées de l'instinct, sont loin d'ébranler sa théorie. On peut dire que son génie a jeté tant de lumière sur la plus épineuse des questions qu'il a mis hors de conteste l'axiome — *natura non facit saltum* — axiome qui n'a pas de raison d'être dans la création spéciale, et qui s'applique, dit-il, aussi parfaitement aux instincts qu'à l'organisation physique. Enfin il a rendu lumineuse cette idée, élevée à la hauteur d'une vérité, que les instincts sont de *petites conséquences contingentes* d'une SEULE LOI GÉNÉRALE, ayant pour but le progrès de tous les êtres organisés.

Les anti-Darwinistes se sont bien gardés de contredire ses assertions, de combattre ses raisonnements. M. Flourens seul a lancé de sa main sénile un trait, mais *telum sine ictu*, contre l'argumentation riche de faits incontestables, de fines observations, de déductions logiques. Et remarquez son procédé : il a détaché une phrase qui, isolée de ce qui la précède et de ce qui la suit, semble contenir un aveu d'impuissance, plutôt qu'une conclusion favorable à la thèse. Petite ruse de guerre !

Tout n'est pas expliqué, dira-t-on; oui, Darwin n'en disconvient pas : il reconnaît lui-même, avec une rare loyauté, l'impossibilité de la tâche... Mais si une difficulté suffisait pour faire rejeter une théorie ou une doctrine, que devrions-nous dire de la *croyance* de nos adversaires? Ainsi, tous les instincts ont été donnés aux êtres par un acte spécial du Créateur, n'est-ce pas? M. Flourens aurait-il pu nous expliquer pourquoi l'araignée a tout juste celui de se suspendre dans l'angle d'un mur, et de filer sa toile ? Y a-t-il une bien grande utilité à cela? Est-ce bien pour attraper des mouches ? Dans tous les cas ce n'est jamais pour nous en débarrasser, hélas ! Quelle nécessité de créer certains êtres avec des instincts cruels, atroces, exterminateurs, et dont on se serait volontiers passé même malgré la *riante* perspective d'une *peau?* Les compensations sont d'un si mince résultat, qu'il y aura toujours des vers blancs, malgré les taupes, toujours des rats (*Dii perdant...!*) en effrayantes cohortes malgré les chats; toujours et abondamment, des fourmis, cette peste de l'agriculture, malgré les volatiles et les crapauds; et la kyrielle des existences pernicieuses est longue.

Connaissez-vous tous les rapports de la vie? répondra-t-on. Nul ne les connaît à votre point de vue; mais le mot *mystère* suffit-il pour justifier tant de fléaux, tant d'horreurs? Admettons même chez les animaux mentionnés une utilité relative qui échappe à la vue de notre faible intelligence, quelqu'un nous fera-t-il un devoir d'être bien reconnaissants envers le fabricateur souverain des instincts qu'il a donnés à la puce et à la punaise? — Mystère! — Oh! oui, c'est une belle trouvaille que ce mot.

Au surplus, répétons-le, c'est là une question bien secondaire, et Darwin a eu raison de dire que sa théorie ne saurait être renversée par les difficultés qu'elle soulève.

IX

Ce n'est pas la forme, poursuit M. Flourens, mais la fécondité continue qui caractérise les espèces.

Nous l'avons déjà dit; cela est vrai aujourd'hui. Mais qui peut assurer que le contraire n'eut pas lieu dans les temps primitifs? Au reste, on n'est guère d'accord sur les vraies limites de la variété et de l'espèce, et nous ne voyons là qu'une chicane scientifique ne tirant à aucune conséquence sérieuse. (Voir plus loin.)

Toute l'argumentation de M. Flourens pèche par la base; elle repose sur ce que les scolastiques appelaient *fausse supposition*.

Pourquoi s'obstine-t-il à soutenir la fixité des espèces et à nier leur mutabilité? La réponse est aisée et évidente, parce que Dieu, qui a créé une espèce, pouvait en créer mille. Mais si l'on retranchait l'idée de Dieu dans la discussion, ou si l'on convenait par avance de faire abstraction de toute intervention divine, immédiate et directe, M. Flourens assurément eût été le premier à professer la mutabilité des espèces ou à y applaudir des deux mains. Il eût compris qu'il ne sied pas à un savant d'user de *la raison de commodité*, comme disait Montesquieu, et que la vraie science résulte des rapports possibles des êtres et non de l'hypothèse d'un coup de théâtre à la Cocodès... Mais non; à quoi bon se creuser tant la cervelle? Une poule est une poule, pourquoi? Parce que Dieu a créé la poule. Un âne est un âne, pourquoi? Parce que Dieu a créé des ânes, absolument comme l'ouvrier du poëte, qui, avec un tour de roue, peut faire tantôt une amphore, tantôt un gobelet. Et malgré cela, M. Flourens s'est cru autorisé à s'écrier que les gens à système, c'est-à-dire des gens qui ne voient les choses que d'un côté, sont des gens détestables.

Au surplus, quel intérêt aurait la Providence à maintenir la distinction des espèces? Celui d'éviter toute confusion, d'après quoi aucune classification ne serait possible, etc. Mais si l'impossibilité du croisement entre formes différentes venait d'une vue spéciale de la Providence, désireuse de conserver les espèces dans leur intégrité, on ne comprendrait pas pourquoi, s'écrie Em. Briard, cette impossibilité existerait entre certaines espèces, tandis qu'elle n'existerait pas entre certaines autres, et que, par contre, elle existerait entre certaines variétés, ainsi que le prouvent les expériences de Darwin dans le règne végétal.

LE GRAND CHEVAL DE BATAILLE DE M. FLOURENS

X

Mais voyez, reprend-il, il y a trois mille ans qu'un chien est un chien, et un bœuf est un bœuf... ; cela se conçoit. Des gens accoutumés à l'idée de quelques jours [1], dont le souverain artisan aurait disposé pour accomplir l'œuvre colossale de la création, ne sauraient admettre des millions d'années pendant lesquels les évolutions animales et végétales dans le sens darwinien ont pu s'effectuer. Dès lors , une espèce serait demeurée telle qu'elle était sortie de la *main* du Créateur.

Cependant, ce que l'on a constaté dans l'Exposition canine de 1869, par les soins de M. Hervé de Lorin,

---

1. Qu'on nous permette d'exprimer ici notre surprise de ce que ces bonnes gens ne soient pas étonnés à leur tour du besoin qu'eut le Créateur de sept jours, lorsqu'il pouvait tout donner en une minute par un seul *fiat*. Le miracle n'eût-il mieux fait concevoir la toute-puissance divine dans sa plus haute expression?

vient à l'appui de la sélection darwinienne. Le carlin, dit-on, appartient presqu'à la légende ; le gros épagneul tend à disparaître. Le libre échange et les franchises ont fait disparaître le chien du contrebandier ; l'abolition de l'esclavage a tué le chasseur des nègres ; il se prépare le même sort pour le chien de trait, ce cheval du pauvre, et pour le lévrier de chasse ; et tout cela, ajouterons-nous, sans l'appoint d'un temps considérable.

Ce n'est pas de trop de citer encore la réflexion que fait M. Em. Briard à ce sujet. Il ne se produit plus d'espèces aujourd'hui, parce qu'il y a des espèces, c'est-à-dire les animaux et les plantes actuellement existants, présentant des caractères affermis par une longue suite de siècles, qui auraient dans le *struggle for life* une supériorité écrasante sur les formes nouvelles qui tendraient à se produire.

Quoi qu'il en soit, Darwin n'a pas laissé l'objection sans réponse. L'absence de modifications depuis la période glaciaire (par exemple) serait un argument de quelque valeur contre l'hypothèse d'une loi de développement nécessaire et innée, les animaux ayant été exposés à de grands changements de climats et obligés d'émigrer. Mais il est nul contre la théorie de sélection naturelle, qui implique seulement que des variations, accidentellement produites dans une espèce quelconque entre toutes, se conservent sous de favorables conditions. La comparaison empruntée à Fauwet est d'une telle justesse, que M. de Quatrefages

montre bien son embarras pour la combattre [1].
M. de Quatrefages, qui parait à cet égard venir en
aide à M. Flourens, sait-il si dans l'univers entier
des êtres vivants ne subissent en ce moment aucune
modification ? *Quod non accidit in anno, accidit in
puncto*, dit le proverbe latin. Et, lorsque le contraire
serait un fait d'une certitude absolue, que vaut un
argument négatif contre des preuves tirées d'un
passé incontestable accumulées par l'auteur ? La
théorie darwinienne ne doit pas être jugée par un
point en apparence épineux, mais par l'ensemble des
faits, des raisonnements et des probabilités autorisées
par l'expérience, le bon sens et la logique [2]. Il ne
suffit pas de dire : cela n'est pas, cela ne peut pas
être : est-ce mieux autrement et dans un autre système? Au point de vue de la création indépendante
des espèces, dit Darwin, je ne saurais trouver *aucune*

1. Que penserait-on d'un homme qui, parce qu'il pourrait démontrer que le Mont-Blanc et les autres pics alpestres avaient exactement la même hauteur il y a trois mille ans qu'aujourd'hui, en
conclurait que ces montagnes ne se sont jamais lentement soule-
vées, et que la hauteur d'autres montagnes et d'autres parties du
monde ne s'est pas accrue lentement et récemment ?

2. Darwin répond d'une manière victorieuse aux futiles objections déduites de l'abeille, dont la trompe ne s'est pas allongée
pour mieux sucer le nectar des fleurs, ou de l'autruche, à qui le
temps n'a pas fait acquérir la faculté de voler. (Voir p. 151,
2ᵉ édition.) Nous aimons à renvoyer le lecteur à l'ouvrage même
dont la lecture ne peut manquer de détruire la prévention que les
dogmatiques s'efforcent d'inspirer contre la doctrine la plus scientifiquement présentée.

explication raisonnable de ce grand fait de la classification naturelle des êtres organisés : tandis que, selon
ma manière de voir, ce groupement de formes vivantes autour de centres dont elles s'éloignent en divergeant, s'explique par l'hérédité et par l'action complexe de la sélection naturelle, impliquant la divergence
des caractères.

N'ayons garde d'oublier le mode avec lequel Lamarck, à un autre point de vue, résout la question,
mode simple et *logique*, dit M. de Quatrefages. Toute modification de l'organisme suppose un besoin nouveau
qui s'est fait sentir et a produit de nouvelles habitudes.
Ce besoin lui-même est causé d'ordinaire par un changement dans les conditions d'existence. Que celles-ci
restent les mêmes, et l'espèce n'a aucune raison pour
se modifier. Voilà pourquoi, dit Lamarck, les animaux,
les végétaux de l'ancienne Égypte, ressemblent à ceux
de nos jours ; voilà pourquoi, dirait-il aujourd'hui,
nos espèces n'ont pas varié depuis l'époque glaciaire ;
les espèces boréales qui pendant cette époque étaient
descendues jusque chez nous, ont conservé tous leurs
caractères grâce à la retraite qu'elles ont su trouver
près du pôle, quand la température générale de
l'Europe s'est adoucie.

Il y a bien une légère différence entre cette manière
de répondre et celle de Darwin qui fait dépendre la
variation de la sélection. Mais détruit-elle le fait ?
La différente manière d'interpréter l'âge des patriar-
ches, annule-t-elle leur longévité, dût-elle n'être

que relative? Les différentes théories émises pour
expliquer l'action de l'électricité autorisent-elles à
conclure que ce fluide est chimérique dans son essence
et ses effets? Cependant on peut assurer que la théorie
darwinienne peut se passer de tout adminicule étranger; elle peut subsister par elle-même.

CONCLUSION

Après avoir lu Flourens et Darwin, nous pouvons affirmer que dans la lutte, le premier nous a paru un pygmée hardi, dégagé, assez bien stylé, souple et agréable, se passionnant parfois dans sa forme, jusqu'à faire croire que lui, Flourens, est tout, et que l'autre est peu de chose..., un diseur de bonne aventure [1].

Le second nous a semblé un géant froid, impassible, lent dans sa marche, comme celui qui ne veut rien omettre ni rien supposer. portant son œil scrutateur dans les plus infimes détails des êtres. Il ne prend pas le pan d'une robe, comme la femme de Putiphar, mais il embrasse toute la nature dans toutes ses manifestations variées pour y chercher cette unité de procédé, cette

1. Un pygmée dans la question, bien entendu, car il y aurait injustice révoltante à amoindrir la valeur d'un savant comme M. Flourens. M. Gustave Flourens, son fils, a écrit son éloge dans la *Revue populaire* de Paris. Nul mieux que lui ne pouvait faire ressortir les hautes qualités d'un homme qui. pendant un demi-siècle, a été le principal ornement de la science.

uniformité de loi, cette régularité d'action, qui excluent le merveilleux, rétrécissent le domaine de l'incompréhensible, du mystérieux, de l'irrationnel, dont est tissu tout le système des créations spéciales de l'école catholico-classique, si maladroitement chatouilleuse, si injustement susceptible, si vainement jalouse de l'autorité, comme l'étaient les docteurs Thomès et Desfonandrès.

Cet aveugle et opiniâtre attachement au dogmatisme retardera encore de longtemps les progrès de la science positive, qui ne se borne pas à donner un fait, mais qui travaille à l'expliquer.

M. Flourens, disons-nous, est resté petit; il ne ressemble pas mal à cette cariatide qui plie, et, sous le poids d'une écrasante masse, sue, se voile du coude les yeux, comme pour ne pas voir le soleil qui l'éblouit.

Dès qu'on aborde Darwin pour asseoir son jugement en dehors de toute autorité, on ne tarde pas à s'apercevoir que son adversaire ne l'a pas seulement effleuré.....

Et lorsqu'on se trouve à la dernière page, on éprouve le besoin de s'écrier avec l'auteur qu'il faut avoir l'esprit ouvert pour saisir sa théorie si rationnelle, si juste, si vraie, si naturelle.

Il fallait M. Flourens pour se déclarer blessé de cette condition. Une autorité qui se sent appuyée par une autre autorité *soi-disant* indiscutable, comment pouvait-elle accepter le reproche de ne pas être *ouverte*, c'est-à-dire disposée à voir au delà de son horizon ?

M. DE QUATREFAGES

I

Notre essai de réfutation était à peine achevé lorsque l'obligeant empressement d'un ami nous a signalé un autre adversaire autrement redoutable. Si M. Flourens a su élever sa réputation sur des travaux qui ont droit à notre reconnaissance et à notre admiration, M. de Quatrefages, bien qu'à d'autres titres, jouit d'un renom justement acquis. Membre de l'Académie des sciences, il sait mettre à son service tout un arsenal de connaissances, et les armes qu'il y emprunte, il les manie avec tant d'adresse et tant de courtoisie, que disons-nous? avec une si respectueuse modération, que le lecteur se prend de prime abord à douter de ses propres convictions. Désormais on serait bien hardi de parler Darwinisme sans avoir au préalable parcouru le remarquable travail de notre savant académicien. Lors même qu'on ne se déciderait pas à adopter ses conclusions, on trouverait une large compensation dans cette lecture : un charme inépuisable de style, un trésor d'observations et de faits peu répandus dans le monde, des recherches toutes récentes du plus haut intérêt.

Nous nous bornons à mettre en relief les principales objections de M. de Quatrefages, pour que l'on sache dans quelle mesure la science peut accepter la théorie du savant ànglais.

Après avoir résumé, pesé, discuté, comparé et caractérisé, avec un sens de haute critique, les théories les plus sérieuses des savants français qui, avant le naturaliste anglais, ont fouillé la question de l'apparition de la vie aux différentes époques préhistoriques, — De Maillet, Bonnet, Lamarck, Buffon, Naudin, Bory Saint-Vincent, — M. de Quatrefages vient à Darwin.

Darwin est épigéniste, comme Lamarck, dit-il, comme tous les physiologistes modernes [1]; comme Lamarck, il admet la variabilité de l'espèce chez les animaux et les végétaux. Darwin débute par les faits qui se passent sous nos yeux, afin de s'élever à des faits inconnus [2] ou éloignés de nous par des milliards d'années : c'était le meilleur parti à prendre, comme la meilleure méthode à suivre.

Le premier animal qu'il ait soumis à son examen, c'est le pigeon. Ses longues recherches lui ont permis

---

1. Pourquoi n'aurait-il pas ce point de contact avec les hommes les plus compétents de nos jours?

2. Remarquez que le mot *inconnus*, absolument dit, n'est pas exact. Nous aurons occasion de le démontrer plus loin.

de préciser la nature et l'étendue des différences qui distinguent les races colombines. différences qui atteignent jusqu'au squelette. L'importance de ces différences est telle que si l'on eût trouvé à l'état sauvage et vivant en liberté la plupart des races de pigeons, les ornithologistes n'auraient pas hésité à les considérer comme autant d'espèces séparées, devant prendre place dans plusieurs genres distincts. Faut-il les accepter comme étant issus d'une seule espèce et comme différant au point précisé par Darwin, parce que les caractères primitifs de cette espèce se sont profondément altérés sous la pression des circonstances?

Buffon et Cuvier avaient résolu la question dans ce sens, tous les deux avaient regardé le biset comme la principale de nos races colombines; mais tous les deux avaient cru ne pouvoir expliquer la multiplicité, la diversité de ces races que par l'intervention d'une ou de plusieurs espèces. C'est M. de Quatrefages qui nous l'affirme, et c'est lui-même qui continue ainsi :

« Darwin n'a pourtant pas hésité à se prononcer en sens contraire, il a affirmé que tous nos pigeons descendent du *biset seul*, et, pour quiconque aura suivi attentivement les raisonnements et les faits apportés à l'appui de cette conclusion, il sera évident qu'elle est *incontestable*. En mettant hors de doute que plus de 200 formes animales transmissibles par voie de reproduction normale peuvent dériver d'une forme spécifique unique, Darwin a *rendu à la science un service signalé*, et tous les naturalistes devront le reconnaître pour tel, quelles que soient leurs opinions ou leurs théories. » (*Revue des Deux Mondes,* janv. 1869.)

Tout cela n'est dû qu'à la sélection, c'est-à-dire le choix des reproducteurs.... Ce procédé a enfanté, depuis les siècles les plus reculés, toutes les races domestiques et d'une manière *inconsciente*. Aujourd'hui seulement, elle est devenue ,raisonnée et *consciente*.

Si l'espèce varie entre nos mains, conclut Darwin, c'est uniquement parce qu'elle est fondamentalement variable. Or, les forces naturelles peuvent et doivent, dans des circonstances données, remplacer l'action de l'homme et produire des résultats analogues. Les temps aidant, ces résultats doivent devenir plus marqués. Toute variété bien tranchée doit être considérée comme une espèce naissante.

« Darwin a envisagé la question sous toutes les faces, ajoute M. de Quatrefages, il a montré les causes et les résultats de cette sélection, et il a étayé sa solution de *preuves nombreuses empruntées à des faits précis,* et c'est à juste titre que la théorie de sélection doit être considérée comme lui appartenant en entier. »

Suit la question de la *lutte.* L'équilibre général ne s'entretient qu'au prix d'innombrables hécatombes, et la cause de celles-ci se trouve dans ce que Darwin a appelé *lutte pour l'existence.* Sous l'impulsion des seules lois du développement, tout animal ou plante tend à prendre et à conserver sa place au soleil, et comme il n'y en a pas pour tout le monde, chacun tend à étouffer, à détruire ses concurrents (*loc. cit.*).

La lutte pour l'existence est évidente et, comme on le sait, bien souvent sanglante chez les animaux ; elle n'est ni moins réelle ni moins meurtrière chez les plantes. C'est là ce que Darwin a appelé la sélection naturelle. On voit que celle-ci n'est pas une théorie. C'est un fait, et un fait dont la généralité est confirmée chaque jour, à toute heure. La lutte pour l'existence a pour résultat d'assurer aux survivants une supériorité relative. De la sélection naturelle résulte la loi d'accumulation des petites différences par voie d'hérédité. A chaque fois, l'organisme fait un pas de plus et obéit à ce que Darwin nomme la loi de divergence des caractères jusqu'à différer de l'organisme primitif. Ainsi prennent naissance non-seulement les variétés et les races, mais encore les espèces elles-mêmes.

M. de Quatrefages n'accepte que la première partie de ces conclusions pour des raisons que nous verrons tout à l'heure, et finit par ces considérations son premier exposé : « Toutefois je n'hésite pas à reconnaître dès à présent combien la doctrine que j'aurai à combattre est séduisante *pour les esprits les plus positifs*, grâce à la solidité des bases sur lesquelles elle semble reposer. »

D'où vient cette divergence ? Darwin croit pouvoir attribuer une influence sérieuse et, dans la plupart des cas, prépondérante à une altération plus ou moins

profonde des fonctions dans les appareils reproducteurs eux-mêmes. A ce point de vue, la modification
subie par le descendant ne ferait qu'accuser et traduire le trouble anatomique et fonctionnel préexistant
chez ses père et mère.

Vient la loi du balancement des organes, la corrélation de croissance, l'exagération d'un organe au
prix de l'amoindrissement d'un autre. De là des caractères différentiels, qui se développent de génération
en génération. On voit, s'écrie M. de Quatrefages, que
le résultat général doit être un perfectionnement pro-
gressif, analogue à celui qu'admettait Lamarck, mais
bien plus logiquement motivé.

M. de Quatrefages cite les passages les plus saillants
de Darwin, d'après lesquels la sélection travaille au
perfectionnement de chaque être organisé par rapport
à ses conditions d'existence organique et inorganique,
de la supériorité relative subordonnée au milieu, et
il finit par ces termes : « Qu'on en déduise les conséquences en leur appliquant la loi d'accumulation des
différences par l'hérédité, et on reconnaîtra combien
est logique cette déclaration expresse du savant
anglais (!!!). »

Et pour compléter notre rapide esquisse du système
darwinien, empruntons encore quelques lignes à
M. de Quatrefages, dont le talent consciencieux et le
savoir sûr nous épargnent la peine du travail.

« Ces descendants d'une espèce (p. 224, vol. 2,
janv. 1869) variable emportent toujours et nécessai-

rement l'empreinte du type spécifique premier. Lorsqu'ils en sont arrivés à former un nombre quelconque d'espèces distinctes, ce cachet qui lui est commun, établit entre elles d'évidentes affinités. Elles formeront donc un genre très-naturel. Or, chacune d'elles à son tour peut reproduire des phénomènes analogues et donner naissance par voie de descendance modifiée à de nouveaux groupes d'espèces formant de même autant de genres. Il est évident que ceux-ci, tout en élargissant leurs rapports, n'en conserveront pas moins de nombreux traits communs. De l'ensemble résultera donc une famille. Les espèces et les genres composant celle-ci reproduiront ce qui s'est passé; la famille grandira et en enfantera de nouvelles. Un ordre sera constitué. Nous arriverions ainsi à la classe, à l'embranchement, au règne lui-même. En présence des rapports étroits et nombreux que montrent les derniers représentants du règne animal et du règne végétal, en présence des êtres ambigus que la science n'a su encore placer avec certitude ni dans l'un ni dans l'autre, comment séparer d'une manière radicale les deux grandes divisions de l'empire organique?

Darwin a été irrésistiblement entrainé à admettre un prototype primitif, ancêtre commun des animaux et des plantes : une forme inférieure intermédiaire, la plus simple, la plus élémentaire possible. La cellule, le globule de sarcode ou de cambium, isolés, mais organisés, vivants, doués du pouvoir de se multiplier, soumis à la lutte pour l'existence et la sélection :

voilà d'où Darwin fait descendre de transmutations
en transmutations les mousses comme les zoophytes,
le chêne comme l'éléphant. »

Avant de venir à la réfutation (qui est loin d'être générale), M. de Quatrefages, éprouve le besoin de rendre
justice à notre savant, en nous assurant de toute la
séduction qu'exerce cette théorie sur ceux qui sont
disposés à ne tenir compte que de *certains faits* qu'il
va rappeler, en nous signalant sa supériorité sur les
conceptions trop vagues de Geoffroy Saint-Hilaire, qui
admettait seulement les transformations brusques,
accomplies pendant la période embryonnaire, et sur
celles de Bory Saint-Vincent, qui faisait tout dépendre
des actions physico-chimiques; les nombreux rapports
que Darwin a avec Lamarck, concernant les phénomènes de variation, attribués par tous les deux aux
mêmes causes physiologiques; la ressemblance des
protoorganismes de l'un avec le prototype de l'autre,
avec cette différence que les premiers se reproduisent
encore, tandis que le second, remontant à l'origine
des choses, ne s'est plus reproduit. « Rien de plus net
que les faits invoqués par Darwin; il en exagère la
signification, mais l'exagération admise, le mode
d'argumentation accepté, il faut reconnaître que le
savant anglais fait preuve d'une étendue, d'une
rareté de savoir vraiment remarquable, et que ses
réponses à certaines objections (il fallait dire *toutes*)
sont *profondément justes.* »

M. de Quatrefages n'a présenté dans la *Revue des*

Deux Mondes que la trame osseuse pour ainsi dire du grand ouvrage, en glissant bien légèrement sur *certains faits* et *certaines réponses* bien essentielles à la démonstration de la nouvelle doctrine. Chacun fait son siége à sa guise.

Mais il y a loin, comme on voit, de la manière dont M. Flourens apprécie le darwinisme, à la quasi impartiale et courtoise expression avec laquelle M. de Quatrefages formule son sentiment. Au fond celui-ci ne lui reproche que *d'exagérer* quelques-unes de ses vues; mais une exagération détruit-elle substantiellement un fait? Et ce qui parait exagéré aux uns qui tiennent trop rigoureusement à la *totalité* des preuves physiques, ne pourrait-il pas être une vérité dans ses justes proportions aux yeux des autres qui, à défaut de témoignages matériels pour tous les faits, se contentent de ceux que fournit la logique étayée de quelques faits (assez nombreux), *isolés* si l'on veut, mais incontestables?

II

Mais il est temps de peser les motifs principaux qui empêchent M. de Quatrefages d'accorder une complète adhésion au Darwinisme.

L'espèce, dit notre académicien, est variable, mais

elle n'est pas *transmutable*. Et pourquoi? Parce que la nature ne *transmute* plus rien *aujourd'hui*.

C'est absolument comme si l'on disait : Autrefois les végétaux poussaient tout seuls, atteignant des dimensions colossales; de *nos jours* nous n'avons que des sujets rabougris, et encore faut-il les semer ou les planter, les cultiver avec soin; sans quoi, rien. Serait-on en droit de conclure que ce que l'on nous dit de cette luxuriante flore d'autrefois n'est qu'une fable?

Ce qui satisfait M. de Quatrefages, c'est que, selon Darwin, l'ordre que nous constatons aujourd'hui s'est établi comme de lui-même dès le début et maintenu à travers les âges, et que l'identité des conditions d'existence premières, la simplicité organique originelle rendent compte d'une manière plausible du petit nombre de types primordiaux, règnes et embranchements. « La complication croissante des organismes ressort comme une conséquence forcée de ces premiers changements et de la lutte pour l'existence. De la filiation interrompue des espèces et des deux lois de divergence et de continuité, il résulte non moins impérieusement que tout type réalisé dans ses traits généraux ne saurait désormais s'effacer d'une manière absolue dans aucun de ses représentants. De Maillet admet la transformation individuelle des poissons en oiseaux; Lamarck fait descendre les oiseaux des reptiles ; de pareilles déviations sont impossibles dans les idées de Darwin. Tout animal, dit-il,

qui compterait un poisson ou un reptile *bien caractérisé* [1] parmi ses ancêtres, eût-il acquis le vol de l'aigle,
ne pourrait jamais être l'allié même des canards ou
des pingouins; il resterait attaché à l'une ou à l'autre
des classes inférieures des vertébrés. Pour retrouver
l'origine des trois types, poissons. reptiles, oiseaux,
il faudrait remonter jusqu'à un ancêtre commun,
dont l'organisme encore indécis ne réalisait ni l'un
ni l'autre. C'est ce qu'on appelle la loi de caractérisa-
tion permanente, sans laquelle les transformations
livrées à tant de causes d'écart auraient produit, par
un pur hasard, ce tout harmonieux que les naturalistes étudient et qu'admirent les penseurs. »

Voilà encore une large part faite au système darwinien. Nous craignons seulement que M. de Quatrefages n'ait exagéré et les conceptions de Lamarck et
celles du naturaliste anglais. Car si l'oiseau descend
du reptile, ce ne peut être que d'un reptile à formes
indécises, provenant lui-même d'un poisson volant ou
vertébré aquatique [2].

Et Darwin, selon nous. n'aurait absolument raison,
dans le sens de M. de Quatrefages, qu'autant que ces
animaux eussent paru tous simultanément; mais si
le poisson a précédé le reptile, et le reptile l'oiseau,

1. Remarquons que M. de Quatrefages dit ici *bien caractérisé*, sans
quoi nous ne pourrions rien comprendre à l'appréciation qu'il fait
du Darwinisme, au contraire, nous serions obligé d'accuser Darwin
d'avarice en fait de types.

2. Voir les notes de Mⁿᵉ Roger, p. 220 et suivantes de la 2ᵉ édit.

comment ne pas admettre une transformation successive, graduelle, à moins d'établir des types différents
primordiaux, dont le développement se serait réalisé
à différentes époques ou qui auraient paru séparément à grandes distances, en vertu du principe des
générations spontanées ?

III

Dans son troisième article, M. de Quatrefages, com-
prenant toute la force qu'a un système habilement et
savamment agencé, après avoir reconnu pour les
trois quarts la justesse de la théorie darwinienne,
insiste, en marchant, sur la nullité absolue de l'ensemble, parce que la loyauté de Darwin lui fait un
devoir de décliner l'explication formelle, l'affirmation positive de certains cas où la preuve induc-
tive est seule possible. Et c'est ce qu'il entend par
faire appel à *l'inconnu*. Sauf ce qui implique contradiction, tout est possible, lui a-t-on dit. Comment
pensez-vous que M. de Quatrefages échappe à la force
de cet aphorisme? Ne vous mettez pas en peine; il
n'est pas académicien pour rien, ou plutôt écoutez-le :

« Si un naturaliste, s'étayant du grand nom
d'Oken, de ses principes philosophiques et d'un

certain nombre de *faits incontestables*, admettait dans toute son étendue le principe de la répétition des phénomènes; s'il en tirait la conséquence que chaque planète a son Europe avec son Angleterre, et que dans chacune d'elles existe un Darwin qui explique l'origine des êtres vivants dans Saturne, dans Jupiter, je ne vois pas trop comment on s'y prendrait pour lui démontrer qu'il se trompe. Incontestablement *la chose est possible*, en conclurons-nous qu'elle est ? »

Que M. de Quatrefages nous le pardonne, mais nous sommes de ceux qui n'ont pas la force de mettre ces niaiseries au nombre des possibilités, et nous ne croirions pas être taxé d'imbécillité en répondant que jamais ni Scythe Brytish, ni Danois, ni Saxon, ni Normand, n'ont mis le pied dans Saturne ni dans Jupiter, et que les habitants possibles de toutes les planètes, n'ayant pas le bonheur de posséder parmi eux ni catholiques ni protestants, il ne saurait non plus y avoir un Darwin suant à soutenir le possible contre l'impossible. Car, pour des gens dont les idées ne sont pas brouillées par un livre qui admet la création du ciel et de la terre à la fois dès le commencement de toutes choses, les phénomènes de la vie doivent présenter une explication toute naturelle.

Les observations scientifiques et les preuves citées par Darwin, preuves indéniables, sont plus que des conjectures pour pousser des intelligences au delà des conséquences positives. Mais au goût de M. de Quatrefages, ces preuves que l'on peut réduire à *trois* ou *quatre* et *qui ont réellement répondu à l'appel*, ainsi que le reconnaît lui-même, ne suffisent pas.

Pour être un peu plus facile, il aurait dû se souvenir que Cuvier considérait les ruminants et les pachydermes comme les deux ordres de mammifères les plus distincts, ainsi que le dit Darwin; mais qu'Owen, ayant découvert entre eux de nombreux liens de transition, a dû changer toute la classification de ces deux ordres, et placer certains pachydermes dans le même sous-ordre avec des ruminants, et que par là se trouve comblée la lacune entre le cochon et le chameau.

Il est aussi d'autres faits importants que Darwin a consignés dans son chapitre de la succession des êtres géologiques. Mais ce serait trop exiger des adversaires du Darwinisme.

Aussi, se cramponnent-ils à cet *inconnu* de toutes leurs forces,... puis tout à coup ils s'en méfient... Et si l'*inconnu* d'aujourd'hui devenait le *connu* de demain? Cela se pourrait bien, et M. de Quatrefages, en vrai savant, ne l'ignore pas. Devant cette probabilité, un peu d'adresse n'est pas de trop, pour démonétiser d'avance l'*inconnu*, métamorphosé plus tard en *connu*. Écoutons-le :

« A la surface des terres qu'*on* n'a pas encore connues, *on* trouvera certainement bien des termes à intercaler dans nos séries organiques; *on* n'aura pas pour cela dévoilé *la cause* qui leur donna naissance et régla leurs rapports. »

Comme on voit, cette argumentation étayée sur la nullité *supposée* du système darwinien frise le sophisme. On ne saurait dire plus poliment à quelqu'un qu'il rêve, parce que son plan n'est pas en harmonie avec nos vues. Serait-on fondé à contester la paternité des frères siamois, parce qu'on ne connaît pas la cause de leur étrange adhésion ?

Et sans recourir à des comparaisons, avons-nous besoin de dire à M. de Quatrefages que Darwin n'établit pas la filiation ou la descendance d'une manière arbitraire ? Dans son treizième chapitre, il a accumulé assez de faits et d'arguments d'une valeur scientifique, pour qu'il ait le droit de conclure à la nécessité d'adopter même *sans hésitation* sa théorie ; seule elle *établit clairement* que les innombrables espèces, genres et familles d'êtres organisés qui peuplent le monde, sont tous descendus, chacun dans sa propre classe ou groupe, de parents communs.

Faut-il rappeler que Darwin a démontré dans le même chapitre que, sans sa théorie de *descendance modifiée*, vous n'expliquerez jamais les règles et les difficultés de classification ?

Pourquoi demander la cause, lorsqu'il vous la signale mathématiquement ? Les anti-Darwiniens sont-ils de ceux *qui habent aures et non audiunt ?* Si M. de Quatrefages, si rigoureux au sujet du Darwinisme, devait rejeter tout ce dont la cause est difficile à fixer, en dehors de l'induction et de l'analyse, il nous est avis que son bagage scientifique éprouverait un énorme déchet.

IV

Cependant, M. de Quatrefages veut avoir raison à tout prix, et s'évertue, dans ce but, à accumuler sentences sur sentences. En voici : « Lorsque ces possibilités, invoquées à titre d'arguments en faveur d'une doctrine, se trouvent en opposition avec les phénomènes que présente le monde actuel, avec les lois qui le régissent, la vraie science ne voit plus en elles que des objections à opposer à cette doctrine... Tout prouve que les lois générales de notre globe n'ont pas varié depuis les *plus anciens jours;* si nous ne les connaissons pas toutes, il en est du moins qui sont définitivement constatées... »

C'est à peine si nous avons besoin de relever tout ce qu'il y a de hasardé, de sophismes habilement cachés sous ces grands mots.

M. de Quatrefages nous parle des lois *des anciens jours*, comme n'ayant jamais varié. Les phénomènes d'autrefois, tels que Lamarck et Darwin, chacun avec la réserve de son point de départ, nous les présentent, ne devraient-ils pas contredire les lois d'à présent? Quoi! les lois existaient-elles avant les phénomènes, ou les a-t-on formulées après eux? Quoi! aujourd'hui pour faire une taupe, il faut une taupe, et dans *les anciens jours*, c'est encore une taupe?... et quelle a été cette taupe primitive, cette fameuse poule qui a pondu les premiers œufs? Et M. de Quatrefages a horreur des hypothèses? Il est donc le seul à vouloir ignorer aujourd'hui les découvertes du docteur Onimus, et les dernières expériences des hétérogénistes?

Mais poursuivons. Pour prouver l'impossibilité *des transformations* (sic) telles que les entend Darwin, M. de Quatrefages cite celle de la mésange à tête noire (*parus major*) en casse-noix (*nucifraga caryocatactes*)[1]. Après avoir discuté tous les détails, il est obligé de convenir de la possibilité... Mais. comment en accepter la probabilité, puisqu'on pourrait renverser l'ordre des phénomènes supposés, et donner le casse-noix pour grand-père à la mésange? et qu'au contraire, ainsi on aurait l'avantage d'attribuer à la transformation une cause plus plausible... la friandise accidentellement développée?

Ici M. de Quatrefages oublie qu'une proposition n'est vraie que lorsque ses termes sont conversibles. M. Darwin ne serait coupable que de n'avoir pas deviné lequel des deux s'est formé le premier.

Pour que cet exemple fût mis à néant, il aurait fallu prouver qu'en changeant l'ordre des phénomènes, le fait était impossible dans le cas cité, bien entendu.

---

1. Rigoureusement parlant, le texte est loin de présenter le fait comme l'indique l'éminent critique. Darwin n'affirme rien au sujet de cette transformation; il ne pose qu'une hypothèse.

Toutes les autres objections contre la sélection et l'adaptation n'ont pas plus de valeur, bien qu'habilement présentées, et **M.** Darwin a eu raison de les prévenir en disant au sujet des fourmis fécondes et des fourmis infécondes : « J'ai la conviction que de pareilles objections ont peu de poids, et que ces difficultés ne sont pas insolubles[1]. »

Il faut le croire, car M. de Quatrefages nous a appris (par une étrange contradiction, il est vrai) à ajouter beaucoup de poids aux paroles de Darwin. Voyez-le, lorsqu'il s'agit des générations spontanées, comme il trouve que la réserve du naturaliste anglais à cet égard, est celle *d'un vrai savant.* « Darwin, au lieu de les accepter, *paraît* les rejeter. » Car, en définitive, foin des générations spontanées. « Quiconque aura présent à l'esprit le détail (*sic*) des expériences invoquées des deux côtés, n'hésitera point à regarder ces générations sans père ni mère (!!!), comme un phénomène étrange à notre monde actuel. »

Et voilà comment fait parler la confiance en l'autorité de ses paroles. Et voilà comment on fait l'histoire!

Mais le prototype darwinien qui donc l'a soufflé? Il est bien venu au monde... Chut! Darwin a l'impayable bon sens de ne pas en parler, en *vrai savant,* et ce

---

1. L'article des fourmis chez Darwin est du plus haut intérêt et vaut la peine d'être lu. C'est chez l'auteur même que l'on peut se faire une idée exacte de son immense talent à observer et à scruter.

silence... soulage énormement la poitrine de notre academicien.

Il est vrai que, par esprit de contradiction, il a voulu même enlever son prototype au naturaliste anglais, qui l'avait pourtant rassuré par son peu de sympathies pour les hétérogénistes... Qui sait? On pourrait avoir l'étrange idée de mal interpréter Darwin, et pour obvier à cet inconvénient, voici comment M. de Quatrefages s'y prend. Il est assez curieux de voir si étrangement argumenter un homme qui veut à tout prix démolir. Qu'importe le moyen si l'on aboutit?

« La conception de Darwin soulève par elle-même une objection des plus sérieuses. Au fond, elle consiste à admettre que la cause inconnue, désignée par nous sous le nom de vie, a joué à la surface du globe le rôle d'une puissance créatrice, et cela une seule fois, pendant un temps limité et d'une seule manière. Eh bien! c'est là une supposition impossible à accepter pour quiconque se place exclusivement au point de vue scientifique. Aucun des groupes des phénomènes étudiés par n'importe quelle science, ne vous présente un fait semblable, aucune des causes des phénomènes ayant reçu un nom ne s'est comportée, ne se comporte ainsi. Pour si loin qu'on les ait poursuivies et en tant qu'elles se prêtent à l'observation, on les a constamment trouvées à l'œuvre, accusant leur action énergique ou faible, intermittente ou continue, par des effets multipliés et divers. La cause qui a produit les êtres vivants a-t-elle procédé d'une tout autre manière? S'est-elle manifestée à l'origine des choses, et a-t-elle ensuite disparu, ne laissant comme trace de son passage qu'une seule et unique empreinte? N'a-t-elle agi un instant sur notre terre que pour engendrer un archétype et s'arrêter ensuite à tout jamais? Cette hypothèse absolument arbitraire a contre elle toutes les analogies tirées de l'histoire des autres branches du savoir humain. L'homme de science ne peut accepter le fait initial admis par Darwin. »

Après ces lignes, qu'on nous dise si M. de Quatrefages est hétérogéniste ou panspermiste, ou rien de tout cela. Tout lecteur qui voudra prendre les mots dans leur acception naturelle, sera forcément enclin à le ranger parmi les hétérogénistes... réservés.

Or, cet étrange archétype débouté, ses descendants ne sont pas plus en sûreté. Pour que la loi de la continuité de la vie par transformation pût être acceptable, il faudrait absolument des intermédiaires. A cette exigence, on pourrait bien faire appel à l'ornithorhynque de Lamarck, aux lépidosirens et aux protoptères de Vog et de Dally, à l'hipparion, au chœropotame, au tapir de Gaudry et d'autres, au paloplothérium de Coucy, à l'achéoptéryx de Meyer, au campsognathus d'André Wagner, etc.

M. de Quatrefages ne serait point ému de cette exhibition : exagération que tout cela, dirait-il ; ou bien il protesterait contre la confusion que l'on veut faire des races et des variétés. Quand une découverte le serre un peu de près, il vous l'évince en criant : il m'en faut d'autres ; comblez-moi *toutes ces lacunes, tous ces blancs.*

Il me faut tout ou rien. C'est tout comme si l'on disait à quelqu'un : voici ton aïeul ou ton bisaïeul... toi, tu es son petit-fils ou son arrière-petit-fils évidemment. Mais ton père... je ne le vois pas; passe, je ne te connais pas.

Darwin a beau dire « que les terrains superposés en apparence de formation continue n'ont été déposés qu'à des époques séparées par d'innombrables siècles; que tout ce qui s'est passé dans l'intervalle nous échappe, que les formes intermédiaires n'ayant pu se multiplier n'ont pu toutes survivre pour nous attester leur existence; qu'au reste tout n'est pas encore exploré, etc., etc. »

Inconnu, inconnu, répond M. de Quatrefages, *pas de feuillets perdus, pas de volumes égarés* (p. **82**, n° **1**, mars **1869**, *Revue des Deux Mondes.*)

« Quelques termes intermédiaires, un petit nombre d'espèces ambiguës ne peuvent être invoquées à titre de preuves. »

Et là-dessus encore des épiphonèmes. « Constater la fréquence d'un fait que l'on avait cru rare ou exceptionnel, ce n'est pas l'expliquer. »

Ce raisonnement ne fait-il pas supposer que Darwin n'a rien expliqué, rien démontré?

« Mais, reprend-il, ce que vous réclamez pour votre

doctrine, Leibnitz, Lamarck, Robinet pourraient s'en emparer comme d'une démonstration en faveur de leurs théories. » En voilà une qui est belle.

Indépendamment des points de contact que peuvent avoir ces savants entre eux (on peut toucher à la vérité par divers chemins, bien qu'un seul soit véritablement le bon) celui-là seul peut les revendiquer pour lui, qui sait les faire tourner au profit de sa cause d'une manière plus rationnelle.

Parce que les Chinois se piquent d'avoir inventé la boussole, les Provençaux la marinette, est-ce à dire pour cela que Gioja d'Amalfi n'ait droit à aucune gloire?

Nous terminerons l'analyse rapide de ce troisième article par une objection que nous croirions assez sérieuse, si elle ne reposait sur des détails insignifiants.

« Rien ne prouve, dit M. de Quatrefages, que le prototype soit représenté de nos jours encore par des descendants directs. Peut-être se cache-t-il dans la foule de ces êtres ambigus, dont Bory Saint-Vincent composait son règne psychodiaire [1]; mais nous le rencontrerions sous le microscope que nous ne pourrions le reconnaître, faute de renseignements. En revanche, nous pouvons affirmer que la science moderne a dé-

---

1. Bory Saint-Vincent avait proposé l'adoption d'un règne spécial destiné à recevoir les êtres qu'il regardait comme tenant à la fois de la plante et de l'animal. (*Revue des Deux Mondes*, p. 93, 1869.)

couvert un certain nombre de ses dérivés les plus im-
médiats. Les dernières conferves, les infusoires les
plus simples et surtout bon nombre de ces êtres dont
nous ne savons encore que faire, ne diffèrent probablement pas beaucoup de cet ancêtre putatif commun. » *Et plus loin :* « Quand nous voyons l'être vivant réduit à une simple cellule, à un corpuscule
d'apparence homogène, dont il est impossible de dire,
s'il est ou non isolé du monde ambiant par une enveloppe propre, nous pouvons affirmer que nous sommes
peu éloignés des confins de la complication organique. Comment des êtres d'une simplicité pareille
peuvent-ils coexister avec leurs descendants graduellement perfectionnés, avec ceux qui occupent le premier rang dans les deux règnes ?»

Darwin, fidèle à sa doctrine, fait intervenir le principe d'adaptation et nous fait entendre qu'un animal-
cule infusoire, un ver intestinal ou même un ver de
terre n'ont aucun avantage à progresser, ou progres-
seront seulement sous de legers rapports par suite de
l'action élective qui tend à les adapter de mieux en
mieux à leurs conditions d'existence, mais nullement
à changer ces conditions, de sorte qu'elles peuvent
demeurer dans leur infériorité actuelle pendant une
suite indéterminée d'époques géologiques. « Eh quoi, lui
réplique-t-on, ces êtres simples et à caractères indécis
n'ont eu rien à craindre de la lutte pour l'existence,
ni des changements de conditions d'existence à travers les millions de millions de siècles, et ont conservé

cette simplicité d'organisation qui fait songer au prototype? » C'est que, répond Darwin, des variations favorables peuvent ne s'être jamais présentées, de
sorte que l'élection naturelle n'a pu agir en les accu-
mulant.

Nous ne prétendons pas soutenir que cette réponse
soit péremptoire et de tout point satisfaisante. M. de
Quatrefages, tout en formulant l'objection, n'a aucune
raison pour affirmer que l'opinion de Darwin est
impossible.

Au reste, il convient que Lamarck a su échapper à
la difficulté d'une manière facile et logique en admettant une génération spontanée journalière, qui entretient ce fonds général d'ébauches vivantes où les espèces nouvelles ont pris et peuvent à chaque instant
prendre naissance.

Nous qui sommes les partisans convaincus de l'hétérogénie, tout en admettant la doctrine darwinienne pour la filiation par la transmutation des espèces (*voir plus loin*), nous n'hésitons pas à accepter
les explications du célèbre naturaliste fondées sur ce
que « les espèces les plus anciennes, celles dont les
circonstances ont stimulé les besoins et multiplié les
habitudes, occupent aujourd'hui le premier rang,
tandis que les autres se trouvent naturellement éta-
gées selon la date de leur naissance et l'énergie ou la
faiblesse des stimulants qu'elles ont rencontrés. »

Mais cette concession faite à la manière d'envisager
l'origine des êtres microscopiques, risquerait d'affai-

blir la portée des principales attaques de M. de Quatrefages contre le Darwinisme, et il faut que le Darwinisme périsse même par son point de départ. Dès lors il s'empresse de soulever des scrupules en donnant pour vrai ce qui est encore à prouver, *l'inconnu*, pour lui au moins, à savoir que, si la génération spontanée était un phénomène aussi constant et aussi régulier, aussi incessant, la *réalité en eût été depuis longtemps mise hors de doute* (1).

Laissant dans l'ombre *pour le moment* cette dernière remarque, qui jette une pierre, en passant, dans le jardin de M. le docteur Pouchet, nous ajouterons quelques observations qui nous paraissent propres à corroborer celles de Lamarck comme celles de Darwin.

Les êtres à formation simple dont on constate encore la présence ont eu et ont le même sort que certains légumes (qu'on nous pardonne cet exemple trivial tout d'analogie); semés ou plantés dans un terrain vierge, ils prennent un développement extraordinaire. Si l'on veut essayer sur le même terrain le même légume, celui-ci sera loin de prospérer les années suivantes; il se montrera nain, rabougri, avorté; sa graine elle-même ne donnera pas un meilleur résultat sur un autre terrain. Le globe avec ses conditions d'existence actuelle ne peut-il être comparé à ce terrain épuisé, par rapport aux animalcules infusoires?

Ce qui prouve que nous sommes assez dans le vrai, c'est que MM. Lyell et Hitchcok attribuent la disparition des crustacés cloisonnés, les ammonites, les orthocérites, etc., à la diminution extraordinaire de la température depuis l'époque tertiaire.

Ces mollusques-là ont disparu, on le conçoit, mais ces êtres microscopiques qui coexistent à côté d'autres bien développés sans accuser la moindre disposition à profiter des lois darwiniennes, en dehors du système de Lamarck?

Oui, c'est vrai, c'est là une bizarrerie de la nature, bizarrerie qui est loin de constituer une impossibilité dans la théorie de Darwin. Elle n'est pas la seule ; en voici une que nous renvoyons à M. de Quatrefages.

Ce savant a soutenu et soutient encore l'unité d'origine de l'espèce humaine. Nous avons défendu dans le temps la même théorie, en rendant hommage à l'éminent auteur, dont d'assez bonnes raisons semblent justifier l'opinion.

Voyons pourtant. Voilà le premier homme bien constitué comme sorti net *des mains* de son Créateur. De là les Aryens, de là la race sémitique, la race indo-germanique, pélasgienne, caucasienne, etc., etc.

La prétendue dégénérescence physique, intellectuelle et morale, n'est qu'une chimère inventée au profit d'un dogme, devant lequel s'inclinent 130 millions de croyants, mais que l'on ne saurait porter sur le compte de la science [1].

---

1. Parmi ces 130 millions, combien s'y trouvent gratuitement englobés et dont la soustraction réduirait considérablement le prétendu chiffre?

En définitive, même aujourd'hui, nous avons des hommes qui valent les fabuleux Cyclopes, les anciens Gaulois et les tant vantés soldats romains. Nous avons des Sansons et des Goliaths. Nos femmes n'ont rien à envier aux Aspasies, aux Phrynes, aux Laïs et à toutes les reines d'Orient, y compris celles de Saba, en force, en grâce et en beauté. La Révolution de 89 a eu ses héroïques argiennes, ses impassibles spartiates, qui, au lieu de montrer leurs seins aux fuyards, savaient admirablement manier le fusil et pointer le canon.

Quant à l'esprit, nous ignorons ce que contenaient les sept cent mille volumes de la bibliothèque d'Alexandrie, mais ce qu'il y a de certain c'est que nos Galilée, nos Newton, nos Képler, nos Franklin, nos OErsted, nos Laplace, nos Arago, nos Leverrier, nos Délaunay, nos Claude Bernard, nos Pouchet, nos Tyndall valent bien les Thalès, les Pythagore, les Hipparque, les Euclide, les Ptolémée de l'ancien temps, et nous sommes persuadé que le professeur Jamin, avec ses fantasmagories électriques, aurait bien jeté, dans l'ébahissement le plus profond, tous ces savants qui conjecturaient plutôt qu'ils n'expérimentaient.

Bref, il faut *s'abstraire* de son siècle pour ne pas convenir combien nous l'emportons *en tout* sur nos ancêtres *tutti quanti*. Si nous n'avons dit mot de la morale, c'est qu'il est à peine besoin de rappeler les cyniques orgies des anciens temps, pour nous convaincre de la décente supériorité de nos mœurs [1].

Faut-il citer Moïse, le législateur modèle, le confident privilégié de Dieu? Ouvrons le livre des *Nombres*, parcourons le chap. XXXI :

« Et Moïse se mit en colère contre les principaux officiers de l'armée, contre les tribuns et les centeniers qui venaient du combat. Et il leur dit : Pourquoi avez-vous sauvé les femmes et les enfants? Tuez donc tous les mâles d'entre les enfants mêmes, et faites mourir les femmes déjà mariées; mais réservez pour vous toutes les petites filles et celles qui seront vierges. »

O Jéhovah! quel chef de hordes barbares aurait aujourd'hui osé tenir un pareil langage?

Pour venir à une époque moins reculée, nommerons-nous Messaline et Livie? Leurs noms, comme tant d'autres, sont devenus les signes représentatifs de la honte et de l'opprobre.

Au résumé, nous pouvons dire que l'humanité n'a fait qu'avancer sur la courbe ascendante de la perfection plutôt que de la descendre dans le sens inverse de certains fakirs. Eh bien ! malgré ce haut apogée où tend incessamment le genre humain en s'harmonisant avec les principes darwiniens, n'avons-nous pas, à huit ou neuf mille lieues de nous, le désolant spec-

1. Mgr Dupanloup a eu le courage de l'attester dans son dernier mandement avant son départ pour le concile.

tacle de quelques millions de créatures, où l'on trouverait avec peine le signe caractéristique de l'homme?

Les Hottentots, les Niam-Niam, les Foullash, et plus que ceux-ci, les Néo-Calédoniens, les Australiens et tant d'autres monstres de l'Océanie, ne sont-ils pas à l'état rudimentaire de leur intelligence et de leur physique[1] ? Et alors les arguments qu'affine M. de Quatrefages contre Darwin ne pourraient-ils être rétorqués avec avantage contre l'auteur de l'unité de l'espèce humaine? Ne sommes-nous pas en droit de dire en parodiant ses paroles : Comment des êtres d'une difformité et d'une imperfection si brutales, peuvent-ils coexister avec les descendants de l'uni-prototype adamique, graduellement perfectionnés, avec ceux qui occupent le premier rang dans le règne humain des cinq parties du monde ?

Nous sommes convaincus que les anomalies ou les exceptions ne sauraient conduire à aucune conclusion défavorable contre une théorie quelconque assise sur des raisons majeures.

1. Ces populations sont si bas dans l'échelle sociale que l'on est dans l'impossibilité d'élever leur intelligence à concevoir un rapport quelconque dépassant le chiffre 4. Quant à toutes ces idées morales qu'une certaine école soutient venir de Dieu et s'imposer pour cela à toutes les consciences humaines, pas la moindre trace. L'ouvrage du Père Salvado sur les sauvages de l'Océanie est très-curieux à consulter à cet égard.

IV

Le quatrième article de M. de Quatrefages est uniquement consacré à la fameuse question des espèces, et nous pouvons assurer que notre éminent critique l'a traitée en maître avec tout le cortége d'un savoir sérieux.

Quelque charme que l'on éprouve à le lire, nous avouons n'en être que médiocrement édifié. Excellentes définitions, exposition parfaite, faits lumineux et de haut intérêt... Nous aurions mauvaise grâce à lui marchander toutes ces précieuses qualités.

Mais qu'il nous soit permis de faire quelques réserves au sujet de son principe, que voici :

« Il *faut bien* admettre que les choses se sont passées autrefois comme elles se passent aujourd'hui [1]. »

Nous ne le croyons pas. Pourquoi? parce qu'à moins de supposer un miracle (et la nature n'en a pas besoin), il *faut bien* qu'il en soit autrement, puisque cela est autrement [2]. La nature avait pour elle d'autres ressour-

---

1. *Il faut bien :* c'est par trop dogmatique; nous ne voyons rien dans la science qui lui impose la nécessité *d'admettre.*

2. *Idem per idem,* dira-t-on. Nullement, si l'on veut faire abstraction de toute intervention surnaturelle.

ces; les conditions de la vie étaient bien différentes; les intervalles mêmes de temps qui pouvaient contribuer à un changement complet de race, ne se comptaient pas par trois mille ans, mais par des millions. Aujourd'hui même la question qu'*on* se propose de discuter, est des plus épineuses : « la difficulté est réelle, » dit notre académicien. Que devait-elle être dans *les anciens jours* où l'influence de l'hérédité ne pesait pas sur la descendance autant qu'aujourd'hui ?

Mais ne nous amusons pas à des considérations que M. de Quatrefages ne manquerait pas de qualifier de conjecturales, et traduisons dans les termes les plus serrés, tout ce débat où notre savant s'est appuyé avec tout le poids d'un savoir colossal.

M. de Quatrefages définit l'espèce : l'ensemble des individus plus ou moins semblables entre eux qui sont descendus ou qui peuvent être regardés comme descendus d'une paire primitive unique par une succession ininterrompue de familles. Les variétés constituent les races, et c'est la seule *variabilité* qu'il concède.

Pour Darwin, les races sont des espèces en voie de formation. Lequel des deux a raison ? Darwin accumule des faits innombrables pour aboutir à cette conclusion que toutes les races qu'il signale en Angleterre et partout ailleurs, on serait disposé à les prendre pour des espèces différentes, si l'on n'en connaissait pas la souche. Des millions d'années ont pu déterminer les transformations les plus profondes pour accentuer plus que de la simple morphologie[1].

Près de trente naturalistes diffèrent peu de sa manière de voir.

M. de Quatrefages s'en tenant strictement *à ce qui se passe aujourd'hui sous ses yeux*, ou depuis les temps les plus reculés de l'ancienne Égypte, ne peut se résoudre à se rallier à cette opinion. Et voici les principales raisons qui l'en empêchent.

Quand il s'agit de l'espèce, la notion de filiation se présente avec un caractère bien plus précis que la variété. Or, cette filiation avec un caractère précis et constant n'existe pas ; donc...

Comment M. de Quatrefages parvient-il à soutenir sa mineure ? voici :

« L'espèce est variable, et cette variabilité s'accuse par la production des variétés et des races. Les races, simples démembrements d'un type spécifique, restent physiologiquement unies entre elles et au type qui leur donne naissance. Ce lien physiologique se montre dans le métissage par la facilité et la fécondation des unions entre les races les plus différentes de formes [1], par la persistance de la fécondité chez les métis et par les phénomènes de l'atavisme (retour aux ancêtres). »

« Il n'en est pas ainsi entre les espèces (*différentes* sans doute), le lien physiologique fait défaut..... »

Arrêtons-nous ici pour argumenter à notre tour.

---

1. Darwin signale les causes de ces transformations.

Pour que la théorie darwinienne fût évincée et reconnue impossible, il faudrait que jamais, au grand jamais, aucun fait ne vînt contredire les prémisses de M. de Quatrefages. C'est ainsi que nous comprenons la quadrature du cercle, l'impossibilité pour l'homme de vivre de simples gaz, de voler dans les airs, de marcher sur les eaux, ou bien celle de former un être animé en dehors des conditions les plus élémentaires requises, etc.

Ce qui est impossible de sa nature ne saurait *en aucun cas* devenir possible. Une seule exception dans le domaine des prétendus impossibles, hypothétiquement admise, il est évident que chacun se croirait en droit de crier non plus à l'impossible, mais à la difficulté.

Si un Hercule, d'un coup de pied, a pu forcer le passage de l'isthme gaditien, former par cette rupture deux continents, entasser montagnes sur montagnes pour faire un tombeau aux débris mutilés de sa malheureuse Pyrène, il ne s'agirait plus que de trouver des Alcides pour briser l'isthme de Panama, celui de Corinthe, ou élever des barrières infranchissables entre l'Allemagne et la France. La nature n'en fait plus, dira-t-on, et ne peut plus en faire.

De même qu'elle ne produit plus de ces géants pareils aux sujets du roi Og, dont la taille mesurait 5 mètres 05 centimètres. Serait-on en droit de dire qu'elle n'en fera plus? Et si sa puissance s'est épuisée, serait-on en droit de conclure qu'il n'y en a jamais eu?

Résumons-nous, et pour ne puiser que dans un livre

que M. Flourens accepterait à mains jointes, s'il était
encore en vie, disons : il y a eu des hommes, dont la
taille atteignait 5 mètres 05 centimètres ; donc cela ne
répugne pas à la nature ; donc cela a été possible, et
si depuis trois mille ans, on n'en a vu de pareils,
rien ne nous garantit que le voyageur n'en découvrira
plus.

On pourra nous répondre que cette possibilité ne
portant que sur la variabilité de la race, l'argument
ne tient pas. Cela est vrai, mais il s'agit de possibilité ;
c'est plus que la race et l'espèce, choses si faciles à
confondre même aujourd'hui.

Eh bien ! rien de pareil dans la question des espèces,
car, ce n'est plus qu'une affaire de difficulté extrême,
mais pas d'impossibilité.

L'hybridation amène l'infécondité des unions, —
mais pas toujours ; — *la stérilité de la plupart des hybrides*, — mais de la plupart et pas de tous ; — *les
phénomènes de variation désordonnés et de retour* [1], c'est
possible ; mais qui pourrait jurer qu'il en fut toujours
ainsi ? — *L'absence d'atavisme* chez *les descendants
d'hybrides revenus* au *type spécifique le prouve.*— Nous
ne le contestons pas en *général*, pas plus que vous ne
devez nous contester l'impossibilité du retour au type
des habitants de Basan. Ce qui arrive aujourd'hui
pouvait ne pas arriver autrefois et *vice versa* [2].

1. Mais non sans réserve, voir plus loin.
2. Puisque la domestication peut changer les instincts les plus

Vous avez d'autant moins droit d'arguer contre nous que vous avouez deux cas qui vous écrasent, et qui donnent une haute signification aux paroles de Darwin (dont par parenthèse vous ne dites mot), lorsqu'il affirme, d'après certains résultats contradictoires, qu'en fait de stérilité ou de fécondité il n'y *a rien d'universellement vrai* (*page* 306, 2e *édit.*), et que la stérilité des croisements entre espèces diverses varie considérablement de degré et disparait insensiblement. Une expérience qui a donné vingt générations (peut-être plus) dans une race hybride vous arrache cet aveu : « il en est un vraiment fondé, qui montre bien deux espèces parfaitement distinctes ayant produit de vrais hybrides, qui sont restes régulièrement féconds pendant une suite déjà considérable de générations. C'est la fécondation de l'*Ægilops ovata* devenue *Ægilops triticoïdes.* »

Faut-il le dire pourtant? M. de Quatrefages a du Protée; et trouve toujours moyen d'échapper à son adversaire; ce n'est pas une transformation, dit-il, c'est un phénomène d'hybridation. Mais alors pourquoi fait-il son cheval de bataille de son hybridation?

puissants, pourquoi d'autres habitudes, d'autres circonstances, n'auraient-elles pas vicié l'état physiologique des êtres jusqu'à rendre l'hybridation stérile ou très-limitée?

V

Le règne animal fournit aussi son contingent, et il suffit d'un exemple pour que l'argumentation de Darwin ne reçoive aucune atteinte dans sa partie la plus essentielle. Sans parler des tentatives faites par M. l'abbé Doménico Cagliari sur le croisement du lièvre et du lapin, mentionnons, d'après M. de Quatrefages lui-même, l'expérience de M. Roux, président de la Société d'agriculture de la Charente, expérience qui eut les plus beaux résultats, sans interruption aucune jusqu'à la *dixième génération*, et sans la moindre tendance soit à l'une soit à l'autre espèce [1]...

Il est vrai que l'adversaire du darwinisme n'hésite pas à invoquer les preuves négatives et les plus douteuses, afin d'ébranler la justification de la race hybride. Nous ne voulons, à l'appui de notre assertion, que le passage suivant :

« A la Société d'agriculture de Paris, un de ces hybrides (de M. Roux) fut examiné avec soin, puis mangé dans un repas de corps : *il parut* ne pas différer d'un

---

1. Pourquoi restreindre ces résultats jusqu'à *dix*, lorsque M. Focillon, sur le rapport de M. le docteur Broca, les porte à *plus de treize?* Est-ce aussi une *coquille* qui fait dire à M. de Quatrefages — *M. Roux* — au lieu de M. Rouy?

simple lapin. M. Roux interrogé à diverses reprises, et mis officiellement en demeure de s'expliquer par la Société d'acclimatation, se renferma d'abord dans un silence qui fut sévèrement *interprété. Il paraît s'être* décidé plus tard à reconnaître lui-même ce qu'avaient eu d'exagéré et d'inexact ses premières assertions. »

M. de Quatrefages n'ignore pas qu'on n'oserait asseoir aucun jugement légal sur des attestations dubitatives : *je crois, il paraît, on a interprété.*

Une déclaration explicite de M. Roux seule aurait quelque poids dans la discussion. Quant à la mortalité de ces léporides, c'est un fait absolument dépourvu de valeur pour tout éleveur de pareils animaux [1].

Il est, au reste, une observation qu'il ne faut pas négliger de placer ici : c'est que toutes les expériences portent sur des animaux établis en domesticité, ou sur des végétaux que l'on s'est peu soucié d'entourer de toutes les précautions nécessaires. On n'a qu'à lire Darwin pour être complètement édifié à cet égard.

Mais voici le plus fort : La nature, dit M. de Quatrefages dans son article, est moins puissante que l'homme.

---

1. Quelque soin qu'on en prenne, rien ne vaut la liberté des champs. Nous avons vu dans un mois jusqu'à vingt-cinq lapins mourir dans les garennes de tous nos voisins de campagne, tandis qu'il n'en mourait aucun chez nous. Souvent le manque d'herbes et plantes convenables oblige l'éleveur à leur donner tout ce qu'il rencontre sous sa main. Ce qu'ils craignent moins, c'est la cardelle, le laitron, le seneçon vulgaire, le liseron. Il faut aussi veiller minutieusement à la propreté du local.

Vraiment ? Eh bien ! M. de Quatrefages, faites appel à tous vos génies pour nous faire de l'or, comme la nature en a fait dans les schistes ou dans des veines quartzeuses ou porphyriques. Viendrez-vous nous dire que les forces de la nature étaient autrefois plus puissantes qu'elles ne le sont aujourd'hui, et que ne le sont tous les misérables efforts de l'homme ? Nous doutons que vous signassiez votre propre condamnation, et nous vous connaissons assez d'esprit pour échapper à notre argument tiré de vos alchimistes.

Il ne sera pas sans intérêt de lire les conclusions de M. de Quatrefages :

En matière de croisement, quand il s'agit de races, accord complet de toutes les opinions, accord encore à propos des espèces, lorsqu'il s'agit *des cas spéciaux, dont on possède toutes les données*; désaccord, là seulement où ces données manquent (ici point de grâce, même pour le mot *probablement*); voilà en résumé ce que constate l'ouvrage même de Darwin, *ouvrage qui est, sans contredit, l'effort le plus sérieux* qui ait été fait jusqu'à ce jour pour abaisser les barrières qui séparent la race de l'espèce. »

Et plus loin : « Est-ce à dire que ce criterium efface toutes les difficultés ? Non, certes. Avec M. Decaisne, je n'hésite point à reconnaître que, lorsqu'il s'agira de ramener un nombre intermédiaire de formes différentes à un seul et premier type spécifique, *il y aura toujours des cas douteux*, même après l'épreuve du croisement fertile dans toute la série des générations possibles.

Des cas inverses se présenteront sans doute aussi. »
Ces aveux ne s'arrêtent pas là : « Est-ce une raison
pour repousser la règle générale qui ressort d'une
écrasante majorité de faits indiscutables ? A ce compte
je ne sais trop quel principe pourrait être comparé
dans n'importe quelle science. L'attraction elle-
même n'a pas résolu toutes les difficultés de la méca-
nique sidérale, si simple pourtant dans ses immuables
lois. A-t-elle été mise en doute pour cela ?... »

Mise en doute ? Non, M. de Quatrefages : mais pourquoi dissimuler qu'elle a été énergiquement combattue
et qu'elle ne tient plus qu'à un cheveu.... de
M. Leverrier ? On a dit, et le livre de Darwin montre
suffisamment sur combien de raisons on est fondé à
le dire : Toute espèce réalisée a été le point de départ
d'autres espèces qui lui ont succédé, et les diver-
gences accumulées ont enfanté les types les plus
divers. « Ce passage d'une espèce à une autre, cette
transmutation n'ont rien d'étrange, puisque l'homme,
dont l'action est si faible et si courte, sait faire sortir
des races d'une espèce préexistante, en mettant en
jeu l'hérédité et la sélection artificielle, comment la
nature, qui dispose sans contrôle de l'espace et de la
durée, n'en tirerait-elle pas aisément, presque fatalement, des espèces par l'hérédité et la sélection naturelle ? Au fond, les moyens sont les mêmes, et la
nature, plus puissante que l'homme, doit pouvoir
faire plus que lui. » (*Naudin.*)

Il est étonnant de voir M. de Quatrefages répondre à

cette argumentation par les merveilles de l'industrie. C'est absolument parler du cheval de Troie, lorsqu'il ne s'agit que d'un coq [1].

Un autre passage qui nous a paru curieux est celui où M. de Quatrefages affirme ce qu'il fallait prouver.

« L'expérience, dit-il, d'accord avec la théorie, qui seule *me paraît vraie*, atteste que l'homme est plus puissant que la nature, quand il s'agit de modifier les organismes vivants. Ainsi, l'homme a fait le chien d'arrêt et le chien courant. Rien de pareil n'existe dans la nature. » C'est absolument comme si on lui reprochait de n'avoir pas su faire des tire-bottes ou des tire-bouchons.

A notre tour, cependant, nous mettrons au défi cette puissance artificielle de l'homme : la nature d'un axolotl fait un amblystome. Le plus habile naturaliste peut-il en faire autant ?

Pour faciliter l'entente de ce que nous venons de dire, résumons ce que M. de Quatrefages lui-même rapporte à ce sujet :

« En 1864 le Muséum reçut six axolotls ; parmi eux

1. Si M. de Quatrefages soutient vaillamment ses vues et ses principes, on conviendra qu'il ne touche pas aux trois quarts du chapitre consacré par Darwin à l'hybridation. Il n'est aucune complication que le savant anglais ignore, aucun phénomène qu'il n'explique, aucun principe qu'il ne soutienne par des observations consciencieuses ; aucune objection qu'il ne prévienne et qu'il ne réfute... M. Quatrefages a-t-il combattu un seul des arguments présentés, un seul des faits cités par Darwin ?

se trouvait heureusement une femelle. Dès l'année suivante, de la mi-janvier aux premiers jours de mars, celle-ci pondit en deux fois un très-grand nombre d'œufs, qui se développèrent très-régulièrement. Aux premiers jours de septembre, les jeunes ne se distinguaient presque plus des parents. A ce moment, des changements très-étranges se manifestèrent spontanément chez quelques-uns d'entre eux. Les houppes branchiales, les crêtes du dos et de la queue diminuaient, la forme de la tête se modifiait, des tâches d'un blanc jaunâtre apparaissaient çà et là sur le fond uniforme du corps. Frappé de ce phénomène, M. Duméril isola ces individus exceptionnels pour en faciliter l'étude, et les observa jour par jour, heure par heure. Il put ainsi voir disparaître un à un tous les caractères des axolotls et constater qu'en seize jours ils étaient remplacés par ceux des amblystomes. Il s'assura que les changements ne portaient pas seulement sur l'extérieur, mais que les modifications atteignaient la disposition des dents, le squelette de la tête, et jusqu'aux éléments de la colonne vertébrale. »

Les savants *ont opiné* que l'axolotl doit être regardé comme la forme larvaire de l'amblystome. Sont-ils fondés à le dire ? Allez, Messieurs les anti-darwiniens, imposer des lois à la nature...

Combien d'années était-on resté sans connaître cette étrange métamorphose dont on se hasarde à soupçonner l'explication ?

N'ayons garde d'oublier que ces prétendues larves deviennent des animaux adultes ; ils se reproduisent très-régulièrement et avec toutes les circonstances caractéristiques de l'état normal. Rien n'est ici comparable aux métamorphoses connues des têtards. Faut-il citer les tritons alpestres, pêchés par Philippi dans un petit étang de la Suisse ? Quelques-uns d'entre eux, sans perdre leurs branchies ni presque aucun de leurs caractères larvaires, avaient, mâles et femelles, la taille des adultes, et les éléments de la reproduction parfaitement développés. *Infandum !*

* *

Ainsi, Messieurs, désormais vous ne pouvez plus nier la possibilité du fait, puisqu'il est là. Exigerez-vous encore des témoins ? Mettrez-vous votre croyance au prix de la découverte d'un *comment*, lorsque vous êtes si accommodants, si faciles pour d'autres faits, dont pourtant vous ignorez l'origine et le mode d'être ? En effet, vous parlez de l'éther et de ses effets s'accusant par la lumière, l'électricité et la chaleur, et vous ne connaissez ni la nature de l'éther, ni le comment de ses transformations. Arago, Faraday, Faye, Leverrier, Tyndall, Becquerel, Foucault, Secchi, se commentent, se complètent, se combattent, se contredisent, se substituent.... Vous parlez de lois invariables, comme de certaines entités, lorsque vous ne possédez que des formules constatant le phénomène,

sans que rien vous garantisse leur complète exactitude: car après tout elles dépendent de votre interprétation. Vous vantez la loi de l'attraction et de la
gravitation universelles, et au moment où vous vous
en montrez satisfaits, M. Trémaux, dont votre
silence fait croire l'existence problématique, vous
écrase de ses preuves, vous convainc de vos erreurs.
Il vous démontre jusqu'à l'évidence qu'avec la loi
newtonienne vous ne pouvez rien expliquer, et que
l'aveugle acceptation de cette loi vous oblige, sur dix
cas, à en reconnaître neuf sans aucune raison palpable, sans la moindre démonstration possible.

Mais, direz-vous, pourquoi accroître le nombre des
erreurs et des rétractations? Rien de plus plausible
que cette réponse, si vous aviez quelque chose à
mettre à la place de la nouvelle théorie, et si Darwin
ne vous eût amenés à reconnaître combien la logique et la raison repoussent tous les autres systèmes
invoqués jusqu'à ce jour[1].

1. Quand M. Trémaux a combattu le système de Newton comme
insuffisant et comme impossible (p. 132, *Principe universel de la
vie*), il y a suppléé par un principe plus rationnel et d'une applica-
tion plus universelle, plus mathématiqaement juste.

VI

Nous avons vu et nous nous plaisons à le répéter :
la question des espèces est loin d'être résolue au gré
de tous ; car les anomalies signalées par M. de Quatrefages dans l'hybridation et le métissage, M. Darwin
ne les a pas dissimulées, mais il en donne la clef avec
une assurance raisonnée qui ne permet pas de déser-
ter son drapeau pour passer dans le camp de ses
adversaires.

Est-ce à dire pour cela que le travail de M. de
Quatrefages a été infructueux? Il y aurait stupidité et
injustice à l'avancer. Ses cinq articles bien menés,
bien nourris et plus solidement conçus que ceux de
M. Flourens, déroulent une série d'observations et
de faits qui feront réfléchir les darwinistes. Ceux-ci
comprendront mieux la nécessité d'asseoir encore
plus fortement une théorie qui a rallié déjà la plupart des savants des deux mondes, et qu'aucun de ses
partisans n'a encore reniée malgré tous les académi-
ciens de France. La place a été vivement attaquée,
mais elle est restée à ses défenseurs, qui n'ont pas
eu encore à réparer une brèche. Cela se conçoit.
M. Darwin a mis à la place d'une croyance mal as-

sise la raison et les faits. Il est difficile de venir à bout de l'une et des autres.

Quand les batteries des anti-darwiniens parviendraient à faire douter de la vérité de la théorie que nous défendons, nous ne tarderions pas à nous apercevoir combien nos hésitations seraient mal fondées. Les arguments tirés de la subordination des groupes, des affinités mutuelles des êtres, de l'embryologie, la corroborent si puissamment, qu'ils lui assurent un triomphe durable.

Des difficultés ne sont pas des impossibilités. Des difficultés ? Combien ? Une — l'invariabilité des espèces — contre mille qui se rencontrent dans la création indépendante de chaque espèce. Darwin les a nettement étalées sous les yeux des partisans du mystère. Ceux-ci :

> Imitant de Conrart le silence prudent,

font volte-face, invoquant les ténèbres *devant* la lumière.

Le darwinisme, malgré ses *lacunes*, subsiste et subsistera toujours, parce qu'on ne détruit pas ce que l'on ne saurait remplacer. Il n'est personne qui refuse d'accepter la nouvelle doctrine à *titre provisoire*, à l'exemple de l'illustre professeur Huxley, et l'hommage que M. de Quatrefages a rendu à Darwin nous autorise à croire que le temps lui sanctionnera le privilège d'une vérité indiscutable.

DE L'ORIGINE DES ESPÈCES, PAR M. LE Dr LÉON SIMON
ET LA BIBLE

M. le docteur Simon, lui aussi, a voulu nous faire entendre sa voix éloquente dans la question de l'origine de la vie, et les puissantes ressources qu'a déployées son vigoureux talent prouvent qu'il était digne d'entrer dans la lice [1].

Si M. de Quatrefages est plein d'admiration pour la manière logique dont Darwin enchaîne ses démonstrations, M. le docteur Simon tranche le nœud en refusant au naturaliste anglais toute logique, ce qui le dispense de tout éloge.

Après avoir très-brièvement résumé les quatre principes fondamentaux sur lesquels repose toute la doctrine nouvelle, la corrélation de croissance, la concurrence vitale, l'élection naturelle, la divergence des caractères, il se permet de joindre aux

---

1. *L'origine des espèces et Darwin*, par M. le Dr L. Simon, chez J.-B. Baillière.

objections qu'on a déjà posées à Darwin, trois reproches essentiels (*sic*) : le premier, de n'avoir pas convenablement défini son point de départ ; le deuxième, de s'être appuyé sur des principes hypothétiques ou sur des faits mal interprétés ; le troisième, d'avoir dépassé, dans les conséquences qu'il a tirées des faits observés par lui, les limites d'une induction légitime et rigoureuse. M. Léon Simon est dogmatique. Il ne nous serait pas difficile de lui reprocher à notre tour : 1º que lui, Léon Simon, ne définit pas clairement et scientifiquement son point de départ ; 2º qu'il s'appuie sur des principes hypothétiques ; 3o qu'il a dépassé dans les conséquences qu'il a tirées des textes mal interprétés par lui, les limites d'une induction légitime.

Disons-le en passant : la page 31 de la brochure de M. le docteur Simon en est une preuve évidente. Jamais Darwin n'a eu la pensée de personnifier la *nature* en lui donnant de l'*intelligence* et de l'affection comme nous saurions en avoir. C'est faire la guerre aux mots et pas aux choses.

De même, il lui reproche de confondre l'effet avec la cause dans la définition que Darwin a donnée de la nature, — « l'action combinée et le résultat complexe d'un grand nombre de lois naturelles. » — Des forces agissent ; la manifestation de leur action est le résultat. Voilà tout. Mais ces forces sont-elles Dieu même? Libre à M. le docteur Simon de le croire. Tout ce qui échappe au contrôle de l'expérimentation appartient à un domaine où l'imagination et la foi ont droit d'être à leur aise.

C'est aussi faire un étrange abus de la parole que d'insinuer au lecteur que, selon Darwin, la nature a pris l'homme pour modèle. Darwin n'a fait qu'arguer *a minori ad majus*, en parlant de ce que fait l'homme et de ce que peut faire la nature. Si les questions des mots pouvaient avoir une place sérieuse dans une discussion, le langage hasardé de M. le docteur Simon, en maints endroits, nous fournirait une assez ample moisson. Nous ne lui ferons pas un crime de préférer le mystère à l'hypothèse. C'est une affaire de goût. Le mystère est-il autre chose qu'une grosse hypothèse qui dispense l'homme du moindre effort pour atteindre à la vérité? Le mystère n'est-ce pas ce qui est en dehors de la raison pour ne pas dire contre elle? Un vrai zéro?.... Zéro! repart M. Simon indigné. Oh! impiété! Le *mystère montre la grandeur de Dieu.* Un *mystère qui montre!...* Soit. Mais que devient cette réponse pour un athée ou un matérialiste?...

De ces bagatelles-là nous pourrions en relever plusieurs dans la réfutation de M. le docteur Simon. En voici encore une qui a son poids. « Le *progrès est la connaissance de la vérité.* » (p. 63.) Le *dogme de la création* SERA *éternellement le progrès, parce qu'il est éternellement la* VÉRITÉ. Ce serait un pur cercle vicieux s'il n'y avait pas autre chose. Le progrès est le mouvement constamment ascensionnel de l'esprit humain vers la vérité qui est la perfection. Or, la perfection peut se comparer à une *asymptote*. Supposez, dit M. Ch. Richard, une branche ascendante d'une immense parabole qui monte sans cesse vers une asymptote située à l'infini ; sur cette asymptote placez la vérité... Chaque pas que l'humanité réalise vers ce but est un progrès. Mais dans ce monde où tout est perfectible pourra-t-elle jamais se flatter de posséder la vérité tout entière, la vérité absolue?

Il ne nous serait pas malaisé, non plus, de prouver au savant docteur qu'il a pris pour *accordé*, comme M. Flourens, ce qu'il faudrait démontrer ; que les transformations sont réelles par le fait même qu'elles existent et que rien ne saurait les *remplacer* ; que c'est lui, docteur Simon et non Darwin, qui est le partisan des *entités*. Que, si les hirondelles peuvent fuir d'un lieu sans se transformer[1], des bœufs disparaître sans s'assimiler à leurs concurrents, des moutons périr sans se perfectionner, la doctrine de M. Darwin n'en reçoit aucune atteinte.

Quant aux types inférieurs, oui, ils subsistent encore, mais la doctrine de Darwin n'est pas moins soutenable. Bien que le naturaliste anglais ait prévenu cette objection qui se trouve chez ses autres adversaires, nous ajouterons que, la génération spon-

---

1. Un animal qui se déplace pour chercher une température conforme à celle qu'il vient de quitter donne une preuve indirecte au principe darwinien.

tanée étant admise dans le sens de Lamark, il n'est pas difficile de se rendre compte de l'existence de ces êtres.

Ceux qui se prennent à regretter chez eux un commencement de sélection, une amélioration progressive, un perfectionnement ultérieur, oublient que nous avons aujourd'hui des lycopodes, des fougères et d'autres végétaux, dont le gigantesque développement d'autrefois se trouve réduit à de minimes proportions. Nous ne répéterons pas ici ce que nous avons dit plus haut. Mais il nous serait facile de continuer sur ce ton, si M. le docteur Simon ne mettait pas en avant *le dogme, la révélation, la foi,* LA MAIN *de Dieu...* C'est un devoir pour nous de nous arrêter. Toute discussion devient inutile, lorsqu'à titre de commodité, on substitue à l'investigation le mystère.

Un cadavre a disparu. La justice humaine n'admet pas que cette disparition puisse s'accomplir miraculeusement toute seule; elle cherche à se l'expliquer, se met en mesure d'en poursuivre les auteurs probables,... et par l'examen des causes présumées, des antécédents et des circonstances de lieu, de temps, de mode, elle cherche à les atteindre. Rien de plus naturel, ce semble...

Pourrait-elle être taxée d'extravagance pour croire que c'est là l'effet d'un crime plutôt que d'un miracle, parce qu'il lui sera difficile de s'expliquer le *comment?* C'est le cas de M. Darwin. Le présent, où il voit tout se développer progressivement *à minimis,* peut-il lui permettre de croire que le monde a débuté par un miracle[1]?

M. Simon lui-même peut-il nous citer un *vrai* miracle de nos jours, pour nous engager à croire que le miracle fut possible dans les premières périodes géologiques? Car, s'il ne croit pas à la mutabilité des espèces, parce que depuis *trois mille ans* aucune transformation pareille n'a pu être constatée, il doit nous être permis d'inférer l'impossibilité du miracle, au même titre, puisqu'il ne s'en est point opéré dans le monde depuis *huit mille ans*[2].

M. le docteur Simon ne viendra pas nous opposer la résurrection de Lazare, ni la résurrection de Jésus-Christ, ni l'apparition de la Vierge de la grotte de Lourdes, à une jeune paysanne atteinte de chlorose. Pour le premier miracle, nous renvoyons notre docteur au chap. xi de saint Jean, dont la lecture attentive, en dehors de toute idée préconçue, l'édifiera mieux, bien mieux que Renan : tant ce récit fourmille de contradictions, tant Jésus-Christ s'y montre

---

1. C'est à la médecine de M. Léon Simon que nous devons le bienfait d'une guérison que tous les moyens ordinaires, essayés sur *une large échelle*, n'avaient pu nous procurer. Abandonné par l'ancienne médecine, nous étions l'objet de prières de toutes les personnes religieuses de notre connaissance. Que dirait M. Léon Simon si quelqu'un, *convaincu par prévention de la nullité de sa médecine*, soutenait que nous avons guéri par l'intervention de la sainte Vierge?

2. Nous n'adoptons cette chronologie que pour nous mettre à l'unisson des idées de M. le docteur Simon.

étonné lui-même des événements qui trompent ses prévisions, ses ententes et ses projets. par la raison qu'il savait, comme il l'affirme, que son ami n'était pas mort.

Il ne peut en croire Marthe qui, à ses yeux. n'est qu'un brouillon, exagérant son zèle comme son langage. Mais aux paroles de Marie, sa bien-aimée. aux pleurs des voisins, à la nouvelle inattendue que Lazare a été *fourré* dans une grotte privée d'air et de lumière, à la pensée que si la mort est réelle, il ne pourra plus faire le miracle *convenu*, à la crainte que la vérité n'ait pris la place de la *simulation, il se trouble, il frémit, il pleure, infremuit spiritu* (comme ce *spiritu* est ici significatif!); *turbavit se ipsum et lacrymatus est Jesus.* Tous ces sentiments pénibles démentent cette assurance, cette outrecuidance, cette insouciance, dont il avait fait parade auparavant. Cependant,... ô étrange surprise! Jésus approche du *monument,* et un simple coup d'œil soulage son cœur oppressé : à la bonne heure (*sciebam*)! et il ne se décide à invoquer l'intervention de son père pour l'accomplissement du prétendu miracle, que lorsqu'il s'est assuré que celui *qui fait le mort* est encore en vie[1]. Or, c'est par l'invocation qu'il devait commencer.

---

1. On nous dira : mais Lazare sentait déjà mauvais. Qui le dit? Marthe, et elle l'affirme avant même d'approcher de la grotte et d'avoir ôté la pierre qui en obstruait l'entrée. Nous sommes de l'avis de Jésus-Christ : Marthe est la personne qu'il faut le moins écouter. — Mais il y avait quatre jours qu'il était mort. — Saint

Pour la résurrection du Christ lui-même. nous rappelons à **M.** le docteur Simon, que les cercles vicieux n'ont jamais rien prouvé. Or. la résurrection de Jésus-Christ est fondée sur une *pétition de principe*, saint Paul aidant. Pourquoi Jésus-Christ est-il ressuscité ? parce qu'il était Dieu.

Et pourquoi était-il Dieu ? parce qu'il a ressuscité. Excellent.

Quant aux miracles de Lourdes. nous renvoyons le savant docteur au spirituel écrivain, **M.** Georges Pouchet, bien que sa réfutation soit loin d'être complète. pour ce qui est de l'eau de la source, eau qui ne guérit que les affections psoriques.

M. Renan a nié le miracle. tout en ne le disant pas impossible. (*Vie de Jésus. préface.*)

Nous le nions et le disons impossible sans réserve. Le christianisme est trop beau pour avoir besoin de quelques tours plus ou moins drôlatiques.

Nous disons franchement notre opinion, parce que l'hypocrisie est la défaillance de l'âme.

Mais où allons-nous nous égarer à propos de Darwin et de mutabilité d'espèces?

M. le docteur Simon trouve le récit de Moïse d'une rigoureuse exactitude, parce que c'est un *dogme*, et que le *dogme* est une vérité, qui, après avoir traversé les

Jean le dit, mais qui ne sait que, selon les évangélistes, quatre jours n'en font pas seulement deux? Nous le prouverons au besoin.

Au surplus, un peu de maigreur et d'anémie ne gâtaient rien.

siècles d'ignorance et du moyen âge (quel honneur!),
se trouve justifiée par la science moderne. Erreurs,
contradictions, absurdités, immoralités, tout cela
n'est qu'apparent ou mal interprété, du moment que
c'est *Dieu qui a dicté la Bible*.

Comment M. le Dr Simon sait-il que Moïse a été
inspiré? C'est là une question bien ardue dont la discussion nous mènerait loin. Est-ce parce que Moïse,
pour accréditer son centon géologique, s'est avisé
d'en rejeter la responsabilité sur Dieu qu'il fait intervenir à chaque instant, coup sur coup? C'est très-
adroit. Car Dieu peut-il se tromper? M. le docteur
Simon étant convaincu du contraire, ce serait folie
de le renvoyer à l'exégèse de M. Laroque... ou à
M. L. Jacolliot [1].

Quand on se met sous un tel patronage, on est sûr
d'avance de réduire au mutisme ses adversaires les
plus revêches.

Pour nous, nous nous inclinons respectueusement,
et avançons qu'il n'y a qu'à tirer l'échelle. La *plupart*
des savants n'ont-ils pas accepté le dogme [2]? Mais

---

1. M. L. Jacolliot vient de publier la *Bible dans l'Inde*; c'est ici
que M. L. Simon et tous les amis enthousiastes du dogme peuvent
apprendre à quelles proportions il faut réduire un livre où se montrent au grand jour le plagiat le plus éhonté et la plus audacieuse
altération des textes indous. Lorsque ce serait le contraire, cela
nous laisserait indifférent au point où nous nous plaçons.

2. Est-ce que la valeur d'un livre se déduit du nombre des savants qui l'acceptent? En ce cas, la cause de Darwin et du docteur
Pouchet est gagnée.

6.

cela tire-t-il à conséquence chez les peuples où le catholicisme s'est imposé *per fas et nefas* pendant seize siècles ? Que n'a-t-il fallu pour rendre son mouvement à la terre ? Comptez les siècles, Monsieur Simon ; énumérez les autorités, celle de l'Église comprise.

Mais *Darwin lui-même le reconnaît*, c'est-à-dire il constate le fait, mais l'accepte-t-il ? M. le docteur Simon serait bien téméraire s'il l'affirmait.

Si nous ajoutons quelques réflexions, c'est uniquement dans le but de montrer qu'il est des droits que l'on refuse à d'autres, mais dont on croit pouvoir user sans scrupule. Ce qui revient à ceci : chacun paye son tribut à la faiblesse humaine.

Ainsi, d'après M. le Dr Simon, Darwin emploie un style figuré. Darwin interprète mal les lois de *la nature*. Darwin franchit les limites de la saine logique en poussant trop loin ses déductions ; Darwin observe mal, raisonne encore plus mal, s'appuie sur l'inconnu, et que savons-nous ? autre chose. Voyons ce que vaut M. L. Simon en fait d'interprétation et de raisonnement.

M. le Dr Simon débute, pour bien asseoir sa glose, par reconnaître la *contingence* de la matière, ainsi que le portent tous les manuels de baccalauréat, et s'écrie avec conviction : Est-ce que nous ne voyons pas sans cesse tous les êtres vivants *mourir* [1] ? Or, affirmer que

---

1. *Mourir*, oui, mais pas s'anéantir ; ce n'est donc que la forme qui est contingente.

l'existence des êtres inorganiques est contingente, c'est reconnaître qu'il fut un temps où *rien* n'existait. Donc il y a un être nécessaire qui a *fait* tout ce qui existe [1]. Cet être nécessaire est Dieu ; et, confon-

[1]. Il est question, non pas de la possibilité de *concevoir*, comme dit le docteur Simon, que les corps pourraient ne pas exister tels qu'ils sont, mais de prouver que *tout n'est pas nécessaire*, que tout ce qui est n'a pas toujours existé. Comment s'y prendra M. Simon pour nous donner l'idée d'un *Être* (abstraction) vivant dans le néant, régnant sur le néant, affirmant son existence, sa nature, son omnipotence... par le néant? Et cet *Être* suprême, dont toute idée est impossible, est sans doute incorporel, immatériel. Étant incorporel, comment a-t-il pu donner naissance à quelque chose de corporel qu'il ne contenait pas dans sa nature? En produisant est-il demeuré en soi ou s'est-il uni à ce qu'il a produit? Cruel embarras, s'il ne faut ni limiter l'être infini, ni changer l'unité en multiplicité. Dieu est-il devenu cause dans le temps ou l'était-il de toute éternité? S'il est cause de ce qui est, cette cause a-t-elle produit son effet par sa seule vertu ou a-t-elle eu besoin d'une matière passive qui devait concourir à son action? On niera sans doute le second cas, mais dans le premier cas la cause ne devrait-elle pas toujours produire son effet? Cet Être suprême enfin était-il *ab æterno* puissance active ou inactive? Dans la première hypothèse le monde a coexisté avec lui *; dans la seconde qui nous révélera pourquoi il s'est condamné à l'inaction si longtemps? Si nous faisions intervenir le philosophe Anésidème, nous pourrions pousser plus loin notre argumentation. Nous savons qu'il y a à tout cela une réponse souverainement victorieuse : « Dieu est, il est tellement que celui qui demande encore quelque chose n'a rien compris dans l'unique chose qu'il faut concevoir. » (*Fénelon.*)

* Les théologiens ne sont pas si inhabiles qu'on le pense. Avec l'*extra* et l'*intra* dont ils font une différence pour Dieu, ils échappent (ils le croient du moins) à toute difficulté. Mais qu'est-ce que l'*intra* de Dieu? un très-pur esprit a-t-il un *intra*?

dant les éléments avec la forme que ces éléments ont
pu prendre au commencement de notre planète, il est
obligé d'admettre — sans même sourire — que *Dieu a
fait... des gaz* à une époque donnée. C'est saint Thomas qui le lui a inspiré !

M. L. Simon continue à expliquer la cause infinie,
que *tous les savants* appellent Dieu; infinie dans sa
puissance, dans sa durée. (Y a-t-il de *durée* dans un
être éternel?) Si on lui demandait qui lui a appris
tout cela et si bien, nous verrions tomber sur notre
tête un déluge de textes de l'Écriture corroborés de
ceux de saint Thomas, de saint Augustin, etc. Tenant
tout cela pour démontré *scientifiquement*, il s'écrie
avec un air de satisfaction : « Nous n'avons donc pas
lieu d'être surpris si *tous* (ce n'est plus *le plus grand
nombre*, et pourtant 99 brebis et un mouton ne font
pas cent brebis) se rangent au dogme de la création: »
et là-dessus il répète avec Moïse : *Deus creavit cœlum
et terram...*

Mais, lecteur, n'allez pas traduire cela par ces
mots : au commencement Dieu *créa* le ciel et la terre;
il y aurait de la niaiserie. La Bible a pour elle tous
les sens : le sens allégorique, le sens mystique, le
sens anagogique, le sens moral, le sens d'extension, etc., etc. Quant au sens littéral, il est pour les
simples d'esprit, et M. Simon n'a pas voulu être de ce
nombre. Il comprenait que la traduction littérale le
jetait dans un dédale inextricable, le ciel et la terre
n'ayant pas été créés tous les deux ni ensemble ni *au*

commencement (de quoi?). Au surplus, la théorie de Laplace et d'Humboldt, aujourd'hui généralement admise, l'embarrassait un peu. Mieux a valu tourner la difficulté, et voici la seule bonne interprétation : c'est un savant auteur qui la lui a fournie, le P. Michel Bautrand : « Au commencement, Dieu, *qui était,* créa ce qui n'était pas, et, selon saint Thomas, il fit des gaz. » *Au commencement*, c'est bien vague. Par *commencement* faut-il entendre *ab æterno?* M. le Dr Simon ne s'en occupe pas. *Ce qui n'est pas* est-il quelque chose, ou bien le néant [1]?

Nous ne voyons pas ce que fait gagner le texte du P. Michel Bautrand.

Nous pourrions bien, avant de faire encore un pas, rappeler à M. le Dr Simon que la formation de notre système planétaire s'est effectuée aux dépens de l'atmosphère du soleil, et que cette belle théorie qui renverse de fond en comble le *fecit cœlum et terram*, a été confirmée par les ingénieuses expériences de M. le professeur Plateau, de Gand...

Mais poursuivons. Peut-être que nous trouverons

---

1. Si M. le Dr Simon s'était donné la peine de consulter tous les interprètes de la Bible, il n'aurait pas manqué de remarquer que les plus sensés d'entre eux soutiennent que le mot *creavit* équivaut à *fecit*, dont Moïse fait usage tout le long du chapitre; c'est-à-dire Dieu appliqua, mit en action les éléments qui composent le ciel et la terre. Cette divergence d'opinions, au reste, est loin de prouver la moindre intervention divine dans la rédaction de ce chapitre, où règnent les inexactitudes et les improbabilités les plus choquantes.

dans les versets suivants de quoi faire taire notre critique.

Le second verset de la Genèse parle de ténèbres qui couvraient la face de l'abîme, et de l'Esprit de Dieu qui était porté *sur les eaux*.

La raison la plus grossière est ici arrêtée pour se faire une idée de la terre légère — *inanis* — et vide — et *vacua* — comme un puits, un *abîme*, et de *l'Esprit de Dieu* qui était *porté* sur les eaux. Un esprit qui est autre chose que Dieu et qui *est porté* sur les eaux, comme Neptune, dans son char attelé de Tritons *Sur les eaux!* Quoi! dès le commencement les eaux? où étaient-elles donc, puisque la terre était vide, un *abîme?* Il est vrai que la terre, vu son incandescence, était primitivement à l'état de nébuleuse, et ne devait former qu'une masse de vapeurs.

Admettons que l'atmosphère de cette nébuleuse se composait non-seulement de fluides élastiques de l'atmosphère actuelle de la terre, mais de tous les corps simples et de tous les oxydes métalliques, selon Whewel [1], il n'est pas moins vrai que cet état était incompatible avec des eaux toutes formées.

M. Simon passe à la création de la lumière. C'est encore là un coup de théâtre, *admirable effet des forces*

---

1. Les recherches optiques et chimiques de M. Kirchkoff et Bunsen, préparées par celles de Talbot, Weatestone, Muller et Zantedeschi, nous ont expliqué ces lignes obscures du spectre solaire, étudiées par Fraunhöfer, en constatant la présence d'éléments métalliques dans l'atmosphère.

ysiques. La lumière sans astres? Voyez ce que deviennent l'immense réservoir de l'éther électrique lorsque le soleil va se promener aux antipodes. Si M. Simon n'avait pas été dominé par des idées dogmatiques, il aurait pu donner au texte un air de vérité. Mais que répond M. le Dr Simon? « La lumière, dit-il, appartient si peu aux astres que nous la trouvons partout; le bois qui brûle dans le foyer, la lampe qui nous éclaire, ne produisent-ils pas une lumière éclatante? La plupart des phénomènes chimiques ne s'accompagnent-ils pas d'un développement de lumière incontestable? Or, la science prouve que cette lumière artificielle ne diffère pas de la lumière solaire, etc. »

M. Simon oublie de nous dire quels opérateurs Dieu avait chargés de faire des feux de joie ou de brûler des allumettes phosphoriques.

Nous avons dit : il *aurait pu donner au texte un air de vérité*; car, en *supposant* que Moïse eût voulu parler de la matière stellaire, ce qui s'accorderait assez avec la science moderne, la Bible lui aurait donné tort, puisqu'elle a soin d'ajouter au verset 5 que, grâce à la lumière séparée des ténèbres, le *jour* et *la nuit* se trouvèrent constitués.

Il est vrai que M. le docteur Simon parle ensuite de *l'action complexe* de la lumière sur les corps qu'elle chauffe, dilate, vaporise, etc. Mais nous aurions droit de lui demander de quels corps il entend parler, puisque la terre était *informe, vide, un abîme*.

Suivent les versets 6 et 7, où il est question du

firmament fait au milieu des eaux, des eaux au-dessus
du firmament, des eaux au-dessous.

Le moyen âge qui prenait le ciel pour un lambris
solide, où les astres étaient fixés comme autant de
besants, pouvait se faire une idée de cette étrange
division.

Quant à nous... Mais écoutons M. le docteur Simon
pour voir s'il est capable d'élucider ce texte :

« Il fit d'abord le firmament qui ne saurait exister
si la lumière[1] et la chaleur n'étaient là pour maintenir
dans un état de tension convenable les gaz et les vapeurs. »

Mais qu'est-ce que le firmament au-dessus et au-
dessous duquel il y a des eaux? C'est ce que M. Simon
omet de nous dire. Comme cela s'accorde bien avec la
science! Ce qui n'est pas clair, dit-on, n'est pas
français ; serait-il divin?

N'ayons garde d'oublier que Moïse parle non
seulement de *la nuit* et *du jour*, mais encore du *matin*
et *du soir*; aucun de ces phénomènes n'est possible
sans l'existence d'un globe lumineux qui donne ou
soustrait sa lumière, n'importe comment. Et d'après
ce jour et cette nuit si bien déterminés avec leur matin
et leur soir, comment l'Église, M. L. Simon comprit

1. M. le Dr Simon, dans tous ces passages, est loin de faire allusion à la matière stellaire ou à l'éther; mais pour lui la lumière
est bien l'effet des ondulations de l'éther, déterminé par la présence d'un objet tel que le soleil. (Voir sa brochure, p. 49 et 50.)

pourra revendiquer la juste désignation des périodes géologiques? C'est cette insurmontable difficulté, qui autorisa un littérateur distingué, M. A. Péladan, de Lyon, à soutenir que, si l'on veut être bien attaché au récit de Moïse, qu'il serait dangereux de voir attaquer, on doit entendre les jours dans le sens propre et non dans le sens figuré.

Au reste, le sens est si précis que toute équivoque est impossible, puisque Moïse dit : « Et Dieu donna au firmament le nom de ciel, et du soir et du matin se fit le second jour [1]. »

Nous ne voulons pas nous arrêter à l'approbation que Dieu se donne après coup selon Moïse : « et il vit que cela était bon. » Est-ce par tâtonnements qu'il opérait?

Au troisième jour, composé toujours *du soir* et *du matin*, la terre produisit de l'herbe verte qui porte de la graine et des arbres fruitiers.

M. le docteur Simon, malgré les découvertes géologiques qui ne donnent à l'époque cambrienne et silurienne que de rares acotylédones rudimentaires, est enchanté de voir la terre se couvrir d'herbes et de fruits en un seul jour (sic pag. 50).

Certes, rien n'est impossible à Dieu en train de faire

---

1. Ce verset ôte à M. H. Berthoud tout prétexte de croire que le ciel, avec toutes les étoiles, était déjà créé bien avant la terre : c'est le cas de dire avec le poëte Simonide : « Plus j'approfondis cette question, plus je la trouve obscure. » On verra bientôt que le sens *d'époque* ne sauve pas mieux la vérité du texte.

des miracles... Mais il est bien regrettable que, pour la plus grande gloire de l'hagiographe, les couches primitives du globe qui nous ont conservé tant de fougères ne nous aient pas gardé un fruit, ni aucun vestige des arbres producteurs.

Si pendant les quelques millions d'années qui comprennent la période silurienne, il fut des végétaux, ceux-ci furent exclusivement marins et à l'état tout à fait rudimentaire, tels que des filaments fucoïdes.

Mais il était temps de localiser la lumière, et le quatrième jour vit tout d'un coup le soleil et la lune et tous les autres astres (!!!)

M. le docteur Simon est de facile composition. La lune n'est pas le satellite du soleil : c'est une planète que les théories modernes nous apprennent à regarder comme enfantée pour ainsi dire par la terre qu'elle suit. Et comme si notre planète — ce minime grain de sable — était le point destiné à réaliser le plan providentiel, le lieu uniquement privilégié, qu'il fallait seul embellir, des astres immenses, des planètes mille et mille fois plus grandes, doivent danser autour d'elle. Cette manière de voir, confondant notre pauvre globe avec l'univers qui devait exister, qui sait depuis combien de milliards de milliards de siècles, est en désacord complet avec les théories les plus élémentaires de l'astronomie et les plus simples données de la raison.

Vient le cinquième jour avec les poissons et les oiseaux. Que l'on prenne le jour à la lettre ou au figuré, on conviendra que non-seulement ces animaux n'ont pas comparu simultanément, mais encore que les poissons devaient exister au moins au troisième jour, où herbes, plantes et arbres, rien ne manquait. En effet, Darwin assure et avec raison, que l'époque silurienne était déjà riche en animaux de quelque calibre.

Que l'on remarque aussi que le mot *jour*, perdant sa signification propre, les herbes, les plantes et les arbres ont subsisté pendant des millions d'années, sans qu'aucun être vivant en profitât.

Ne disons mot des reptiles qui apparaissent après les cétacés [1], ce qui est une palpable erreur.

Venons à la discussion importante à laquelle donne lieu ce cinquième jour. Ici l'enthousiasme de M. le docteur Simon devant la prétendue précision de langage de Moïse, soulève deux objections autrement graves que celles que l'on se plaît à faire au système darwinien. Selon lui, les variations que chaque individu peut subir, se trouvent ainsi renfermées dans les limites de l'espèce. Rien de plus vague que ce langage. Néanmoins rappelons le texte en entier : *Deus creavit cete grandia et omnem animam viventem atque motabilem quam produxerant aquæ in species suas* (ce *produxerant aquæ* est bien étrange et les hétérogénistes ne doivent pas le regretter), *et omne volatile secundum suum genus.* Arrêtons-nous là.

---

1. Pas d'équivoque, toutes les traductions de la Bible portent le mot *baleine*.

Puisque la science depuis près de 66 ans a obligé l'Église, par la voix de Pie VII, à substituer le mot *époque* au mot *jour* dans le récit génésiaque, nous voudrions savoir de M. Simon à quelle *époque* géologique répond ce cinquième jour de la Bible.

On nous dira qu'il suffit de trouver l'ordre indiqué par Moïse en harmonie avec celui que révèlent les études géologiques [1]. Mais alors quel besoin pour Moïse de recourir à des supputations chronologiques avec la détermination du soir et du matin? N'eût-il pas été plus exact d'énumérer purement et simplement les merveilles de la création dans le même ordre qu'elles ont obéi à la volonté divine? Secondement, si les animaux de la mer et du ciel ont été tous créés d'après le 21e verset le *même jour*, soit à la même époque, et tous suivant leur espèce, ne faudrait-il pas que, contrairement à ce que révèlent les entrailles de la terre, toutes les couches du globe portassent l'empreinte de toutes les espèces des rayonnés, des annelides, des articulés, des mollusques et des vertébrés qui se rattachent à ce cinquième jour? D'où vient que la vie, dans les différents terrains géologiques, ne se montre que par des gradations bien marquées et avec ses ressemblances histologiques, avec ces rapports de perfectionnement successif qui affirment la filiation et la continuité la plus régulière? Eh bien, de deux choses l'une :

---

1. On sait que cela est loin d'être prouvé, mais ne poussons pas trop loin nos exigences.

Ou la création s'est accomplie par étapes séparées et par le système de perfection progressive ainsi que le veut Darwin, et alors *causa dicta est*. Pour cela, que l'on fasse intervenir, si l'on veut, la cause surnaturelle, Darwin ne s'y oppose pas, et nul après lui. Mais alors Moïse a été bien irréfléchi quand il a dit qu'au ve jour, Dieu créa OMNEM *animam viventem* [1].

Pourquoi ne pas donner à ses paroles un tour marquant la succession? Qu'en eût-il coûté à Dieu d'être clair, exact et précis [2]?

Ou bien la création des êtres vivants s'est effectuée tout d'un coup, selon le sens littéral, et à ce titre nous avons le droit de conclure que l'auteur de la Genèse a été bien loin d'avoir été inspiré, puisque la géologie fournit la preuve du contraire et que la raison s'y oppose [3].

1. Remarquons en passant que M. L. Simon retranche le mot *omnem* dans sa citation. A-t-il compris que cet adjectif indéfini excluait toute idée de succession et présentait la condamnation de la cause qu'il défend?

2. On dira que Dieu a laissé à l'organe dont il se servait ses imperfections individuelles. Chicane théologique qui pourrait tout au plus excuser la forme mais jamais le fond. Car, à ce compte-là on serait bien embarrassé pour reconnaître comme *vrai* et *inaltéré* tout ce que Moïse a avancé. Dieu ne pouvait-il mieux choisir? dégrossir l'organe de son interprète?

3. Nous faisons une large concession aux dogmatiques par ce dilemme. Car, si Moïse avait entendu parler d'une période générale, embrassant toute la création des êtres vivants, il n'aurait pas renvoyé la création des animaux purement terrestres à la sixième époque. Décidément, il n'y a pas moyen de *sauver* Moïse.

Et alors? Alors Moïse s'est exprimé comme l'eussent fait M. Flourens, M. le Dr Simon, M. de Quatrefages.

M. Léon Simon finit sa brochure sur la permanence des espèces, en abordant l'étude des forces et en se glissant sur le terrain de l'homme.

Il prétend que la vie est une force et que cette force n'est pas une propriété de la matière. Or, cette force, ajoute-t-il, est la cause à laquelle il convient de rapporter, pour chaque individu, l'existence du type, et c'est précisément parce que l'homme ne peut modifier profondément l'action de la force vitale sans anéantir ses effets, qu'il ne peut modifier le type d'un être que dans ses caractères accessoires, ce qui vient à l'appui de ce que dit la Genèse : « Les plantes et les animaux furent créés, chacun suivant ses espèces. »

Oserons-nous dire que le langage scientifique de M. L. Simon est très peu intelligible pour nous?

« La vie, dit-il, est une force et la force n'est pas la propriété de la matière. » Avons-nous bien entendu?

La vie est-elle vraiment *une force*, ou bien la manifestation d'une force à l'aide du jeu de tous les organes d'un *individu* solidairement entretenus ?

« La force n'est pas la propriété de la matière : » Qu'est-ce qu'une *propriété?* Une faculté ou une qualité appartenant si essentiellement à une chose qu'on ne saurait la concevoir sans elle. M. Simon nous permettra-t-il de demander où il a connu une force

sans matière ? Ça vaudrait la peine d'être signalé. La
pesanteur, par exemple, n'est pas la propriété de la
matière ? La force est-elle autre chose que la matière
en mouvement ? Quand on dit la force des gaz, de la
vapeur, de l'air, du feu, de l'électricité, faut-il entendre quelque chose, une entité en dehors des gaz,
de la vapeur, de l'air, du feu, de l'électricité ? Si la
force n'est pas la propriété de la matière, elle sera
la propriété de quoi ?

Voilà des questions dont l'étude nous mènerait loin,
et nous ne voyons pas trop, d'ailleurs, pourquoi, à
propos de mutation d'espèces, on fait intervenir
l'impuissance de l'homme à modifier ladite force, proposition qui, elle aussi, est très-hasardée. M. le
Dr Simon fait semblant d'ignorer ce qui se passe autour
de lui ou il joue l'incrédule. Nous ne voudrions pas
répéter ici ce que tout le monde sait, à savoir l'expérience des œufs soumis à différents degrés de température pendant leur éclosion, et les derniers résultats
obtenus par les hétérogénistes. *Non est hic locus*, et
bornons-nous à dire un mot sur l'homme, « pour
l'origine duquel la science moderne essaye de renverser le dogme révélé, » a dit notre écrivain [1].

M. le Dr Simon entre en propos par une citation de M. Guizot (qui est dogmatiste à sa façon).

---

[1]. Nous étions loin de nous attendre à voir la science moderne
en contradiction avec la révélation. Ce n'est pas ce que M. Simon
nous avait dit dans le cours de sa brochure. Il est vrai qu'ici il
nous dit : *la science essaye...*

L'argumentation de cet illustre doctrinaire peut se réduire à cette formule syllogistique : Ou le genre humain a poussé lui-même sur la terre, ou il est l'œuvre d'un pouvoir surnaturel [1]. Or le genre humain n'a pu pousser de lui-même ; donc il est l'œuvre d'un pouvoir surnaturel.

Et pour prouver sa *mineure*, notre doctrinaire poursuit ainsi son raisonnement : Ou l'homme est né enfant, et dès lors incapable de se suffire à lui-même, ou bien il est sorti du sein de la matière *tout formé*, tout grand, en possession de sa taille, etc. Or, l'un et l'autre cas sont impossibles ; *ergo* (qui le devinerait ?) il est sorti... de la MAIN de Dieu [1].

Mais de grâce, comment est-il sorti de la *main* de Dieu, dans le premier état de la vie naissante ou homme parfait de forme, de force, d'intelligence ? C'est ce que nous cachent MM. Guizot et Simon, tous les deux, à ce qu'il paraît, bien instruits du secret.

Le second cas semble seul possible... et vrai ; et alors l'homme est-il sorti immédiatement de la *main* de Dieu tout d'une pièce ou du limon de la terre ainsi que le dit l'Écriture [2] ? Si Dieu a fait le potier, pour-

---

1. Un habile scolastique ne manquerait pas de trouver faux ce fameux dilemme, puisqu'il admet *un milieu*, à savoir que l'homme pourrait bien être le résultat d'une espèce modifiée.

2. Et M. Simon aussi, à son insu sans doute, et voici pourquoi : le mot *faciamus* ne vaut pas *creamus*, et nous sommes d'autant plus fondé à le croire que M. L. Simon, et avec lui plusieurs autres interprètes, prétendent que dans le premier chapitre de la Bible *creavit* a l'acception de *fecit*, et que *fecit* n'est pas *creavit*.

quoi n'aurait-il pas fait le jardinier, puisque Moïse parle d'herbes avec toutes leurs graines, d'arbres chargés de tous leurs fruits, apparus soudainement en un seul jour composé du *matin* et du *soir?*

Et ce sera en débitant de pareils contes que l'on se permettra de reprocher à Darwin de se jeter dans des exagérations? Quoi! Dieu sera réduit à l'humble rôle d'un prestidigitateur qui, après avoir avec dextérité secoué les manches de son habit, tout à coup souffle sur ses doigts et laisse échapper de sa *main* élargie des boulettes et des pantins?

Dira-t-on : *mystère!* mais alors ne vous piquez pas de parler au nom de la science. Soyez francs : vous n'êtes que des sacristains.

Nous omettons la question de la différence entre l'*homme* et la bête, abordée par M. Simon ; on y trouverait du savoir sérieux, si parfois l'esprit de dogmatisme ne mettait sous sa plume les choses les plus inconcevables touchant les animaux, auxquels M. Simon ne paraît disposé à accorder qu'un instinct. Ce n'est pas là l'avis de M. Agassiz; nous ne nommons que celui-là parmi les mille qui ne partagent pas l'avis de M. le docteur Simon. Quand on parle des bêtes aussi légèrement, c'est qu'on ne les a jamais ni suivies ni étudiées. Comme Darwin s'est arrêté là, nous imitons sa prudence. Mais il nous sera loisible de dire que, quand un homme se voue à nous montrer l'origine de la vie et du monde par les voies les plus simples, les plus saisissables par la raison, et partant les plus dignes de Dieu, il n'est pas loin de s'imposer tôt ou tard à tous les esprits.

Il ne nous reste plus qu'à citer la page où M. L. Simon parle des générations spontanées; elle nous donnera la mesure de ce que peut sur des hommes supérieurs [1] une idée préconçue, doublée d'une croyance religieuse.

Après avoir parlé de la théorie des germes qui, d'abord invisibles, se développent s'ils viennent à se rencontrer sur un terrain convenable, il s'exprime en ces termes :

« Je sais bien qu'on a fait d'autres expériences : on a rempli des ballons de verre avec de l'eau distillée; on y a fait entrer de l'air qu'on avait forcé de traverser un tube de porcelaine rougi à blanc, de manière à détruire tous les germes qu'il pouvait contenir, et on a dit que des infusoires avaient paru dans ce ballon.

» Mais cette expérience a été contestée dans ses résultats, et ses conséquences ne sont pas aussi précises qu'on pourrait le croire au premier abord. Car, dans ce ballon, il a fallu faire le vide, et nous ne pouvons obtenir le vide absolu; donc *des germes ont pu rester attachés à ses parois* (!!!) En outre, les germes qui se sont trouvés au centre de la colonne à air ont

---

1. Nous connaissons toute la valeur intellectuelle de M. le docteur Simon; notre faible plume ne rendrait qu'imparfaitement la haute considération que nous inspirent son talent d'écrivain et ses beaux travaux dans la matière médicale.

pu échapper, en partie du moins, à l'action de la chaleur; quand il n'y en aurait *qu'un seul* [1] qui fût arrivé dans le ballon, il aurait suffi pour devenir l'origine des infusoires observés. Cette expérience n'est donc pas concluante; il y en aurait une bien plus irrécusable. Elle consisterait à mettre en présence les éléments chimiques des tissus organisés, à soumettre ces éléments à l'action des forces physiques et chimiques seules. Si, dans ce cas, on obtenait des êtres vivants, la génération spontanée serait définitivement établie; si elle échouait, elle serait à jamais ruinée... »

Eh quoi! M. le docteur Simon refuse aux hétérogénistes ce qu'il accorde à Dieu même qui eut besoin d'un terrain bien préparé, d'une eau bien conditionnée, pour peupler l'un et l'autre de plantes et d'animaux sous les auspices d'une atmosphère la plus favorable? O justice des hommes! Et que sera-ce pourtant si l'on prouve à M. le docteur Simon que les infusoires ont été obtenus dans les conditions où il croit leur présence impossible, ou avec les seuls éléments par lui indiqués?

Avouera-t-il que la liberté d'esprit et l'impartialité, nécessaires pour juger sainement, lui ont fait défaut? C'est ce que nous verrons.

---

1. Et un seul germe, M. Simon, pourrait produire des milliers d'infusoires au même instant?

LE DIEU DE MOISE ET LE DIEU DES VÉDAS
COMME QUOI LA BIBLE PERMET DE CROIRE
A LA MUTABILITÉ DES ESPÈCES

Nous avons restreint notre analyse critique du premier chapitre de la Genèse aux passages cités par M. le docteur Simon. Il ne nous eût guère coûté de faire ressortir tout ce qu'il y a d'invraisemblable et d'illogique soit dans ce premier chapitre, soit dans les versets 5 et 6 du second chapitre du même livre. Ce peut bien être là de la poésie, mais assurément on n'y voit rien qui s'accorde avec les données du simple bon sens et encore moins avec celles de la science.

La légende hindoue, d'où Louis Jacolliot fait dériver en droite ligne le récit mosaïque, supporte mieux l'examen. « Lorsque Brahma passe de l'inaction à l'action, il ne *vient point créer la nature* qui existait de tout temps dans son essence et ses attributs, dans son immortelle pensée, il *vient la développer* et faire cesser la dissolution, *pralaya.* »

A la bonne heure ! voilà ce qui se rapproche des

Idées modernes. Faire exister ce qui n'existait pas, c'est-à-dire le néant, était un tour de force dont Brahma ne s'est pas senti capable.

Dans un autre passage, on lit : « Quand la durée du Pralaya (dissolution) prit fin, Brahma, selon l'expression de Manou, parut *resplendissant....*, dissipa l'obscurité et développa la nature, ayant résolu dans sa pensée de faire émaner de *sa substance* toutes les créatures. »

Et plus loin : « A sa vue le chaos se changea en une matrice féconde, d'où allaient sortir les mondes, les étoiles, les eaux, les plantes, les animaux et l'homme. »

Convenons que les Védas contiennent une révélation plus nette, plus précise et surtout plus rationnelle.

Que dire de notre Bible? L'idée de l'infaillibilité qui s'attache à ses pages, les fait tirailler en tous sens par ses commentateurs de bonne volonté et d'une foi robuste. De là mille et une interprétations divergentes.

M. H. Berthoud que n'a-t-il fait pour les mettre en harmonie avec la science moderne? Embarrassé par la rigueur des textes, il est allé jusqu'à imaginer *l'éther primitivement en repos.* Il n'est pas plus heureux lorsqu'il fait *dégager* par Dieu la lumière des ténèbres, surtout après que *Dieu eut reconnu que la lumière était bonne.*

Passe, si cette reconnaissance avait eu lieu après

le *dégagement!* De la, les ténèbres changées en vapeurs (*sic*) et ces vapeurs qui sont.... la nuit : *et tenebras appellavit noctem.*

A prendre les hommes d'autrefois comme ceux d'aujourd'hui, Moïse fut incontestablement doué d'une rare supériorité.

Après avoir passé la moitié de sa vie avec les plus grands savants de l'Égypte, il devait posséder toutes les connaissances de son temps. La géognosie ne devait pas lui être étrangère, mais dans des limites bien restreintes, et, d'après M. Jacolliot, Moïse n'aurait été en Égypte qu'un initié d'un degré inférieur.

A considérer la vaste étendue de mer qui pour les trois quarts recouvrait la terre, il comprenait que l'eau, ainsi que l'ont cru bien des philosophes de l'école ionienne, était le principe de toutes choses, et que, partant, elle avait dû d'abord tout envahir.

Ne sachant pas se rendre compte des pluies torrentielles dont il était témoin dans le pays des Pharaons, il imagina, dans sa poétique narration, d'en diviser l'empire. De là, ces eaux élevées au-dessus et ces eaux laissées au-dessous du *firmament* [1]. De là aussi

---

1. On sait que les anciens avaient donné ce nom à la voûte du ciel qu'ils croyaient *ferme, solide,* et à laquelle on avait attaché les astres comme à un lambris d'émail ou de cristal. A travers ce firmament il y avait des soupapes d'où Dieu laissait échapper ses eaux et que pour cela on nomma les écluses du ciel. *Pictoribus atque poetis quidlibet audendi...* Nous n'avons rien à dire puisque Horace nous recommande d'être indulgents pour les poètes... Mais si par

l'idée que les premiers êtres animés n'avaient pu qu'être aquatiques, et encore, à cet égard, son savoir a été pleinement en défaut, car le narrateur fait précéder la vie aquatique par la vie végétale *au grand complet*, ce qui est entièrement faux. Et comme celle-ci ne pouvait se passer d'arrosage, avec son esprit oriental, il imagina une fontaine jaillissant du sein de la terre et arrosant tout l'univers. Quel besoin d'une source aussi démesurément grande ? Dieu n'avait-il pas un assez bon réservoir *au-dessus*, pour que Moïse fût dispensé de faire intervenir un détail si improbable et si peu rationnel, plutôt qu'obligé de nous représenter, sans motif plausible, Dieu si avare de pluie ? (vers. 5. *Genèse*, chap. II.) Était-ce pour ménager ses eaux et s'en servir plus tard dans une occasion plus solennelle où devaient être en jeu sa colère et ses regrets ?

Convenons-en, et une bonne fois, il y a loin de là à une inspiration divine.

Quant à la vraie formation de notre planète dont le centre, en ébullition même de nos jours, atteste l'origine ignée, pas un mot.

On reconnaît généralement aujourd'hui que la masse, détachée du soleil, et échappée par une tangente à travers l'espace, dut se refroidir peu à peu en perdant son calorique par un immense rayonne-

firmament on doit entendre avec certains commentateurs et les traducteurs du XVIᵉ siècle l'atmosphère, comment expliquer ces eaux *au dessus* et *au dessous* ?

ment. Les parties ou les vapeurs refroidies s'étant condensées, l'eau fut la première à se former et à couvrir la surface du globe ; augmentant tous les jours en étendue, elle finit par en diminuer l'incandescence. La température du liquide, haut de 6,800 mètres environ. n'était pas moins de 300 degrés. Ces eaux, imprégnées de matières fécondes, ont dû se peupler les premières d'animalcules capables, comme le fait remarquer Michelet, de résister à une haute température. De minutieuses recherches ont amené les savants à affirmer que la vie s'est manifestée d'abord par des zoophytes et des mollusques. Voici ce que nous lisons dans la géologie de M. Edward Hitchcock, *president of Amherest college, and professor of natural theology and geology. (New York, thirtieth edition) :*

« *The following table is the order in wich some of the most important animals and plants have first appeared on the globe.* »

Silurian and Cambrian, or Graywacke period.	Echinodermata, Annelida, Zoophyta, Crustacea, Entomostraca, Brachiopoda, Cephalopoda. *Marine shells.* *Crustacea* (trilobites). *Fishes.* Placoidans and Ganoidians (sauroïd and sharks), etc. *Flowerlessplants* (marine).

On peut donc affirmer hardiment que la première période plutonique, Moïse l'a complétement ignorée, et ne connaissant pas le rôle du calorique dans la formation des vapeurs, ainsi que de l'eau, résultat de leur condensation, il a placé l'eau avant la lumière, qui, d'après certains interprètes, doit signifier *calorique*, *lumière*, électricité, selon le besoin de la cause [1].

Il ne comprenait pas autrement les astres que comme des objets subordonnés à une loi de finalité, c'est-à-dire uniquement destinés et appropriés à la terre.

Quant à la géogénie, son savoir ne pouvait être que nul. C'est à peine si cent ans de travaux assidus du génie moderne ont pu soulever un coin du voile pour lire dans le livre de la nature, et y surprendre quelques-uns de ses secrets.

En effet, lorsque Moïse a touché à l'explication des faits géologiques, il n'est pas même comparable aux savants du moyen âge. Le respect seul, dont l'a entouré la tradition légendaire, a fait accepter en bloc son récit sans discussion, et comme le moindre exa-

---

1. Le gâchis est tel que l'on s'est hasardé jusqu'à contester le *fiat lux* du troisième verset, en disant que c'est là la mise en action de la lumière et non sa création. C'est ainsi que l'acception de tous les mots sont torturés au point que l'on ne sait plus si Dieu a créé ou n'a pas créé. (*Voir M. Berthoud.*)

Remarquons aussi que Dieu aurait improvisé l'eau avec la terre tout d'un coup, et non par la condensation des vapeurs résoutes en eau. Ainsi, toutes les périodes de la création se seraient accomplies, sans qu'il tombât une goutte de pluie. Et voilà pourquoi, dit Moïse, Dieu avait été obligé de tout fabriquer. (Voir les versets 4 et 5 du chapitre II).

men eût fait sauter tout l'échafaudage poétique de Moïse, le sacerdoce, jaloux de son autorité, a fait une loi d'une croyance aveugle, ce qui se traduit par deux mots — nullement scientifiques, nous en demandons pardon à M. le docteur Simon — *mystère et foi* !

Eh bien ! les défenseurs obstinés de Moïse donnent, selon nous, ample raison à Darwin. Nous allons essayer de le prouver.

Admettons, toute réserve faite, que la variabilité des espèces soit un fait contestable aux temps primitifs, par la raison que ce phénomène ne se voit plus ou rarement s'accomplir de nos jours. Cela étant, voici ce que nous prenons la liberté de dire :

Ou le récit de Moïse est vrai, exact, inspiré dans tous ses détails, ou non. S'il est vrai, exact, inspiré, il faut convenir que les choses, dans les *anciens jours*, Dieu les faisait dans bien d'autres conditions que nous ne les voyons faire aujourd'hui, c'est-à-dire contrairement à toute loi physique et à toute loi chimique, ainsi qu'aux notions astronomiques [1]. Alors nous ne comprenons pas tout ce bruit que l'on se plait à faire de ces lois éternelles, immuables, admirables et divines, cet acharnement, non plus, à condamner la doctrine de Darwin, que *l'on reconnaît*

---

1. Dieu n'avait qu'à *parler* ou à *souffler* (quoiqu'il n'ait pas de bouche) sur un objet, sur un peu de limon, un peu de terre, par exemple, pour avoir des arbres avec leurs fruits, des animaux et des hommes complets en facultés et en force.

logiquement exposée, mais que l'on rejette comme non conforme aux procédés du jour.

Si c'est *le contraire*, nous laissons aux lecteurs intelligents le soin d'apprécier la valeur des conclusions de M. le docteur Simon, lorsqu'il invoque le témoignage biblique pour combattre le savant anglais.

Nous consentons un instant à renoncer à toute réserve et à nous ranger de l'avis de ceux qui reconnaissent l'autorité de Moïse comme absolue.

Nous avons rapporté plusieurs textes où il est évident que Dieu, improvisant soudain les êtres, soit dans le règne végétal, soit dans le règne animal, s'est mis au-dessus de toute loi connue de nos jours. Nous allons voir que la Bible elle-même nous autorise à croire au changement des espèces, et que ce changement, tel que l'a démontré Darwin, a été reconnu par les peuples les plus anciens.

Ainsi, Darwin, dans sa nouvelle théorie, n'aurait fait que justifier, par un soupçon scientifique, les faits rapportés par la Bible. Darwin a pris soit les types primitifs, soit les produits de ces mêmes types à formes ambiguës, à nature amphibie, et à l'aide soit des conditions différentes d'existence, soit des corrélations de croissance, soit de la sélection naturelle, soit de la divergence des caractères, il a affirmé la possibilité de la variabilité des espèces et la filiation de tous les êtres.

On conviendra que, si le fait se prouve d'une espère, il ne pourra pas être contesté des autres, bien entendu *sous la garantie de l'auteur sacré*. En d'autres termes, ce qui est vrai du genre humain doit être aussi vrai des autres animaux, dont les ressemblances morphologiques et embryologiques sont incontestables. Or, la Bible est d'une précision si frappante à cet égard qu'elle échappe à toute discussion.

Selon Moïse, Dieu créa l'homme à son image..., et le créa mâle et femelle [1]. Notre père à tous ne fut donc qu'un androgyne.

On comprendra maintenant pourquoi, dans le premier chapitre de la Genèse, Ève n'est nullement mentionnée; à l'époque dont Moïse fait l'historique, elle adhérait au corps d'Adam, dont le nom est ici pris en général pour homme, selon plusieurs interprètes.

La séparation n'a pu avoir lieu que par un acte de procréation, les deux sexes étant distincts, bien qu'accouplés : l'acte de procréation, en effet, a dû suivre une communication accomplie aux heures du sommeil. « Dieu fit tomber un profond sommeil, et l'homme s'*endormit*. Et il prit une de ses côtes et il ferma sa place avec de la chair. » C'est là le sens du texte hébreu, dit M. de Paravey (*dissertation sur la*

---

1. Ce texte ferait croire à plusieurs couples créés à la fois. L'homme est d'abord dit en général et au figuré; ensuite on lit : *et il les fit mâle et femelle*; ici le sens naturel est substitué à la synecdoque; à moins que l'auteur biblique n'ait uniquement fait allusion à l'androgyne, ainsi que le prétendent plusieurs glossateurs.

création de l'androgyne). Le récit de la Bible dans l'Inde, sur la naissance de l'homme et de la femme, confirme ce que nous avançons : « Ce fut vers le soir qu'*il* (*Adima*) la saisit dans ses bras et lui donna le premier baiser en prononçant tout bas ce nom d'Heva [*complément de la vie*] qui venait de lui être donnée. La nuit étant venue, les oiseaux se taisaient dans les bois; le Seigneur était satisfait, car l'amour venait de naître pendant l'union des sexes. »

Moïse, idéalisant tout et ne s'arrêtant pas en chemin, a supprimé la durée de la gestation. Au surplus, c'est là un détail qui est du ressort de la puissance divine et partant en dehors de notre compétence.

De cet androgyne à deux têtes, à deux corps, mais à deux seuls bras, à deux seules jambes, il naquit un homme et une femme. C'est ainsi que l'homme se vit dégagé de la femme, et que celle-ci fut dite détachée de son *côté*, et non de sa *côte*, ainsi qu'on a l'habitude de le dire.

M. le chevalier de Paravey, dont le respect religieux pour la Bible ne saurait être révoqué en doute, appuie de son immense érudition cette interprétation et nous fait observer que le mot *costa* en hébreu signifie aussi bien *côté* que *côte*.

Il n'a garde de nous laisser ignorer combien est ridicule l'idée de faire changer à Dieu une côte en une femme. Cela étant, les paroles de Moïse sont d'une lumineuse justesse. Adam ne dit pas seulement : Ceci est un os de mes os, mais ceci est un os de mes os et *la chair de ma chair* [1].

Cette exégèse toute naturelle se trouve confirmée par un texte contenu dans Eul-ya, livre chinois[2], dont l'antiquité remonte à plus de 1000 avant J.-C., et par une planche représentant deux arbres, quelques plantes et un être humain tout nu n'ayant que deux bras et deux jambes, mais dont la tête et le torse font l'effet de deux corps unis; la partie droite est virile, la partie gauche est féminine.

Si l'on interroge l'Inde, on y verra que parmi les noms donnés à Siva, on remarque celui d'Ardanariça, formé des noms sanscrits *arda,* demi; *nara,* homme; *iça,* femme.

Dom Calmet remarque, dans son dictionnaire de la Bible, que plusieurs auteurs juifs n'ont pas eu d'autre idée sur la création de l'homme et la formation de la femme.

Eugubin représente le premier homme et la première femme unis par les côtés et non par le dos, ce qui facilitait l'acte conjugal.

---

1. Ici Adam est pris non pas dans le sens générique *d'homme,* mais dans celui d'Adam formant un être à part de la femme.

2. Dans cette petite encyclopédie chinoise, les animaux sont créés dans le même ordre que dans la Bible, avec cette exception que l'Eul-ya place les reptiles avant les oiseaux, ce qui est plus conforme à la vérité géologique. N'oublions pas de dire non plus que, si plusieurs théologiens soutiennent que les livres de Moïse furent connus des Chinois, plusieurs savants distingués se croient fondés à croire que c'est l'*inverse* qui est **vrai.**

On sait que Platon parle des androgynes dans son banquet, mais il leur donne quatre bras et quatre jambes [1], ce qui est contraire au dessin trouvé dans l'Eul-ya. Aristote donne aux androgynes la forme de celui du livre chinois.

Les Parsis ne croient pas que le premier couple ait été autre chose qu'un androgyne. Ils ont donné le nom de *Meschia* au premier homme (de là *mischia* en italien, mêlée, mélange) et de Meschiané à la première femme.

Le Zend-Avesta s'étend assez sur l'explication de *Meschia* et de Meschiané; on y lit ce passage : « Ormusd dit qu'il a donné d'abord la main et ensuite le corps ; et qu'après avoir donné...., il y a mis....; qu'il a produit l'action propre...., et qu'il a donné son corps pour qu'il fasse son œuvre....

A propos de quoi M. A. Péladan ajoute que ce texte — que nous avons abrégé — fait entendre que « les parties naturelles de l'un étaient dans celles de l'autre [2]. »

1. L'amour, a dit Platon, nous ramène à notre état primitif, et de deux êtres n'en faisant qu'un, rétablit en quelque sorte la nature humaine dans son ancienne perfection.

2. Fantaisies, dira-t-on, de cerveau chinois. Oui, vraiment? Voyons ce que rapporte un chroniqueur du xviie siècle, Nostradamus, page 1642 de son *Histoire de Provence* : « A Marseille on a remarqué, comme quelques jours avant le décès de Libertat, fut veu naistre au quartier qu'on dit de Saint-Jean, un petit corps monstrueux ayant deux testes, la principale et mieux formée de fille, et l'autre, à costé droit du col, de garçon, avec deux épines, deux bras et deux iambes seulement, la verge du masle sortant de la petite fente et nature de la femelle. »

Est-ce là un résultat de la loi d'atavisme?

Mais le dictionnaire Eul-ya, le plus ancien document en ce genre, ne se borne pas à l'androgyne humain; il étend cette forme à tous les animaux dans l'ordre suivant :

1º Reptiles, serpents à deux têtes et au centre en bas.

2º Poissons à deux corps unis ayant un œil chacun.

3º Oiseaux à deux corps unis ayant une aile chacun.

4º Quadrupèdes à deux corps unis, mais n'ayant que deux bras et deux jambes. (*Chevalier de Paravey, loc. cit.*)

Les Grecs ne partageaient pas moins les idées des autres peuples de l'Orient sur l'hermaphrodisme des habitants primitifs du globe. Et, pour que l'on ne nous croie pas disposé à accepter aveuglément ce que l'on pourrait appeler des vieilleries chinoises, nous nous bornerons à citer, *instar omnium,* un des êtres les plus primitifs et les plus singuliers, le megalichthys, grand poisson monstre, moitié poisson, moité tortue.

« Tout dans la nature, dit Debay, marche par gradation du simple au composé; tout être dans le règne animal et dans le règne végétal subit fatalement la grande loi des transformations (car presque toutes les grandes espèces étaient amphibies); nul être n'apporte en naissant une organisation complète; ce n'est qu'en parcourant certaines phases de la vie qu'il parvient à son complet développement. »

Et plus loin : « Quelques philosophes de l'antiquité

ont prétendu que le premier être humain fut androgyne. Si la nature peut former un être semblable, cet
être trouva en lui-même, et sans le secours d'aucune
influence extérieure, la puissance d'engendrer. Cet
hermaphrodite aurait été le moule de l'espèce humaine,
qui se brisa en donnant le jour à deux êtres de
sexe distinct [1]. »

Ce dédoublement perfectionné [2], la disparition du
premier type, cette transformation, tout cela ne trouve
une satisfaisante explication que dans le système
darwinien. — Mais alors que deviennent ces textes
où il est parlé des animaux et des végétaux *juxta
genus suum, secundum species suas ?* — Si ces expres-
sions pouvaient exprimer autre chose que des idées

---

1. Un homme que nous pourrions appeler à juste titre le rival
de Newton, si la supériorité de sa théorie ne le destinait à effacer
l'éclat de son nom, M. Trémaux fait preuve d'un sens profond
lorsqu'il nous dit : « On voit de nos savants officiels s'empresser
de donner le mot contre la transformation d'une espèce à l'autre,
comme si la nature n'avait pas lié les êtres animés sous une même
loi, dans une filiation évidente et graduée. » Et plus loin : « L'o-
rigine humaine du récit mosaïque ne doit être entendue que comme
l'apparition du premier homme d'une nature véritablement supérieure, et en répartissant les différentes formations et les apparitions
à différentes époques, vous serez tout étonné de la coïncidence de
la tradition (qui porte l'existence d'hommes préadamites) avec la
science qui est aussi exacte qu'on puisse l'espérer dans les conditions où elle se transmet. » (P. 89 et 91, *Principe universel de la vie.*)

2. L'hermaphrodisme est si peu fréquent aujourd'hui que bien
des fois il a rencontré des incrédules même dans le champ de la
science. Néanmoins Marguerite Malaure, Jean Dupin, Dorothée
Perrier et d'autres, prouvent que les exceptions, bien que rares, ne
sont pas moins incontestables.

complexes sans exclure les transformations préalables
et nécessaires, nous répondrions: Elles deviendront ce
que deviennent les eaux au commencement du monde
avant la pluie et la lumière; ce que deviennent tous
les arbres avec leurs fruits bien avant les animaux;
les cétacés avant les reptiles, le soleil avec la lune et
les astres bien après la formation de notre sphéroïde,
bien après les jours composés du soir et du matin :
c'est-à-dire des paroles dont toute la puissance tient
au vague du mot (*Pelletan*). Tout n'est pas perdu
puisque la poésie sera l'éternel amour des imaginations
vives et romanesques.

Nous ne savons ce qu'en pensera M. le docteur
Simon. Pour nous, s'il avait été assez heureux pour
nous faire partager ses convictions, nous cesserions
de tant crier à l'impossible, en considérant que
Moïse mentionne des transformations bien plus sur-
prenantes et assurément moins justifiables.

Nous n'aurions eu garde de nous servir des armes
tirées de la Bible, si le savant docteur n'avait fait
appel à cette dernière comme au seul code auquel il
faut ramener la solution d'une pareille question. En
général, nous aimons peu à recourir à un livre où
chaque combattant, faisant plier les mots au gré de
ses idées, se donne toujours raison, et cela dans le
but de quoi? d'enlever toute difficulté. Au lieu
d'arrêter les élans du génie vers la découverte de la
vérité, secondons autant que possible les efforts de l'intelligence humaine et les investigations de la science.

M. LE DOCTEUR CHAUVET

M. le docteur Chauvet, de Tours, a eu l'exquise
attention de nous offrir un charment volume, portant
un titre on ne peut plus attrayant : *Esprit, force* et
Matière, ou nouveaux principes de matière médicale.

Si notre savant s'était contenté de scinder cette
dernière partie des questions philosophiques avec
lesquelles il l'enchaîne et de la traiter séparément, il
nous semble que nos éloges ne trouveraient ni limite
ni forme assez riche pour lui exprimer toute notre admiration.

Tout ce que l'esprit le plus fin, la plus haute raison
et la plus nerveuse logique savent dépenser dans un
pareil sujet se trouve réuni dans ce volume. C'est parce
que nous le croyons fait pour porter la lumière dans
tous les esprits que nous ne voudrions pas y voir mêler
d'autres discussions sur des points metaphysiques
très-contestables.....

Une méthode médicale, au contraire, se recommande par l'expérience et les faits contre lesquels se brisent tous les raisonnements à *priori*.

Indépendamment de la partie médicale, où l'auteur a manié la science avec une rare lucidité et un style qui fait oublier l'aridité de certains détails, **M.** le docteur Chauvet s'efforce de prouver l'existence de l'âme et de Dieu [1]. De là il passe à la réfutation des doctrines de Buckner, du darwinisme, des générations spontanées, au magnétisme et au spiritisme : quelles que soient les idées du lecteur sur ces deux dernières controverses, il ne pourra s'empêcher de reconnaître partout de nobles aspirations, des convictions à la hauteur de notre siècle, exprimées avec une légitime indignation. Nous formulerons notre réponse, non pas en notre nom, mais au nom de l'école que **M.** le docteur Chauvet se propose de combattre, et *ce* dans le but unique de faire comprendre, dans la limite de nos forces, combien nous avons besoin de tolérance réciproque.

---

1. Voilà des questions que nous voudrions voir reléguées au fond de la conscience de chacun, leur véritable sanctuaire : ce sont comme des fleurs qui craignent le grand jour et... le contact des hommes.

I

M. le docteur Chauvet, avant d'affirmer l'existence de Dieu, s'attache à étudier l'homme chez qui il veut reconnaître trois éléments distincts, l'organisme matériel ou *support inerte*, la force motrice ou principe fluidique, la force directrice ou principe spirituel. Car, ainsi, dit-il, après s'être trouvé et reconnu dans ses propres œuvres, l'homme trouve et reconnaît Dieu lui-même. Il ne s'agit plus alors que de généraliser le problème du fluide et de la matière.

Quelle est la nature de l'esprit ? se demande-t-il. *Nul ne le sait, c'est le secret de Dieu.*

Ici, M. le docteur Chauvet nous donne déjà pour démontré ce qui est contesté : l'existence de l'esprit et celle de Dieu, deux inconnues de son aveu ; car Dieu est aussi mystère que l'âme. Comment peut-il affirmer ce qu'il ignore, ce qui est un secret ?

Vous ne connaissez pas davantage le fluide et la matière, dira-t-il. D'accord ; mais nous constatons la présence et l'action de l'un et de l'autre.

« La matière, répond-il, ne manifeste des qualités si opposées à la *forme* et aux qualités de l'esprit, que... » Mais, nous le répétons, M. Chauvet attribue à l'esprit — qu'il admet d'avance — certaines propriétés qui pourraient bien revenir à la matière au même titre. Car, tandis que lui croit la matière *inerte* en général (autre idée préconçue), il en est qui admettent que l'activité vitale est immanente à la substance organisée, de même que la gravitation, la chaleur, etc., sont inhérentes à tous les éléments qui entrent dans la composition du corps vivant, et à tous les autres principes matériels.

M. le docteur Chauvet comprend qu'affirmer l'existence de Dieu n'est pas la prouver directement. Dès lors, au lieu de l'horloge et de l'horloger, comme d'autres ont fait, il nous représente une locomotive « qui irait à l'aventure sans un chauffeur et un mécanicien, et pourrait même ne pas aller du tout. » De là la nécessité de reconnaître un esprit, force directrice, qui n'est ni la force motrice, ni le support.

M. Chauvet a-t-il songé qu'il n'y a pas de similitude entre l'homme et la locomotive? Dans celle-ci toutes les parties constitutives sont distinctes et faciles à isoler, tandis que dans l'homme il est un cerveau dont rien de semblable dans la machine; la force vitale ou l'électricité animale, si l'on veut, peut être constatée et elle l'a été; les éléments constitutifs du support peuvent l'être à chaque instant... mais l'esprit... qui assurera qu'il est une substance particulière distincte? Qu'est-ce qu'un esprit? une *substance simple, une, indivisible*, répond notre philosophe. Qu'est-ce qu'une substance *simple* et qui n'a de parties ni imaginables, ni *inimaginables?* Et ce qui n'a pas de parties?

la négation de ce qui est, qui se voit, se palpe, ou dont on peut constater l'action et la présence physiquement : bref un mystère. Peut-on faire de la science avec du mystère ?

L'esprit est naturellement *un*. Passons. L'esprit est un principe *indivisible*. M. Chauvet niera-t-il que la sensibilité, l'activité, l'intelligence sont de pures abstractions des métaphysiciens ? Nous pensons que non. Car, le principe étant essentiellement simple et un, il ne saurait être scindé et ces trois facultés de l'âme ne sont que des modifications du même principe, dont on ne saurait pas même assigner l'initiative, par la raison que l'on ne peut sentir sans savoir que l'on sent. Or, comment advient-il que l'intelligence peut être supprimée sans préjudice pour la sensibilité et *vice versa*, ainsi que le prouvent les expériences de M. Flourens ? Parce que l'instrument est détérioré, faussé, dira-t-on, et que, si un David ne sait faire aucun chef-d'œuvre avec un balai (*pag.* 23 op. cit.), l'artiste n'existe pas moins pour cela, réplique M. Chauvet. D'accord, mais un instrument détérioré, faussé, peut donner une mauvaise résonnance, mais il en donne... Un balai est un vilain pinceau, mais le nom d'Yalyse rappelle ce que sut faire Protogène avec une mauvaise éponge. Un amant ne sut-il pas charbonner les traits de sa maîtresse aux portes d'un cabaret ?

Mais dans le cerveau de l'homme, supposé une lésion, il ne reste rien de la faculté corrélative ; et pour peu que le cerveau soit déprimé, n'importe comment, que devient l'âme? Néant; plus de perception, plus de volonté, plus de jugement, plus de mémoire, encore un coup, néant, ou l'idiot-machine.

Nous ne prétendons pas que l'école positiviste ait tout dit et tout bien dit, en disant que l'organisme fonctionne en vertu et par le seul fait de son organisation. Mais nous ne croyons pas fondé M. le docteur Chauvet à s'interroger en ignare : pourquoi l'homme en tant qu'organisme physique vit-il, pense-t-il? parce qu'il possède comme tel la propriété de vivre et de penser. Ne sait-il pas qu'on pourrait faire la même question pour l'esprit? Pourquoi l'homme est-il un être pensant? parce qu'il a un esprit. Et comment connaît-on qu'il a un esprit? parce qu'il pense. Et au moment où cet esprit s'incarne pour ainsi dire chez l'homme, ou s'accouple à son support, existe-t-il, pense-t-il ? . . . .

Et si l'esprit ne peut ni penser, ni juger, ni réfléchir, ni se remémorer, tant que le cerveau, sa cage, ne sera pas développé, de quoi sera-t-il capable après sa mort, lorsqu'il n'aura plus ni cervelet ni encéphale ? Tout ce que l'on avancera à cet égard, ne sera-t-il pas hasardé?

II

M. le docteur Chauvet, après avoir affirmé au profit de sa cause, et avec une immense justesse, qu'il n'y a pas de force sans matière (p. 52), n'accepte ce principe que sous bénéfice d'inventaire, lorsqu'il aborde la réfutation du docteur Buckner et du darwinisme.

Laissons de côté la définition de la matière que semble regretter notre savant chez ses adversaires. Le mot *matière* est un vocable de convention pour exprimer les différentes combinaisons des éléments connus, hydrogène, oxygène, azote, gaz acide carbonique, etc.

Venons au plus substantiel — point de force sans matière. — La matière est inerte, donc l'aphorisme est faux.

Nous nous inscrivons contre cet enthymème; l'inertie de la matière dans le sens ordinaire des physiciens, est sa persévérance indéfinie dans le repos, sa persévérance dans le mouvement. Quant à la première, elle ne saurait convenir qu'aux combinaisons des éléments primitifs, et même dans cet état, il n'y a pas de matière sans force; si elle n'agit pas horizontalement, elle agit verticalement en gravitant vers le centre de la terre. Au reste, M. Chauvet lui-même nous l'a appris : l'éther circule partout, autour de chaque atome, de chaque molécule, et sa propriété se traduit par la résultante[1].

Mais M. le docteur Chauvet entend par force, autant que nous croyons le comprendre, le mouvement; or le mouvement, la matière ne peut se le donner...

Oui, elle peut se le donner, parce qu'elle l'a. Qui dit fluide, dit quelque chose qui de sa nature n'est pas stable et si l'on suppose partout l'éther, comprend-on qu'il puisse être stable et qu'il soit obligé d'attendre quelque chose de dehors, qui ne serait pas lui?

Oui, la force n'aurait aucune raison d'être sans la matière. « Mais, reprend M. Chauvet, est-il bien rationnel de conclure d'une combinaison à l'identité des éléments qui la constituent? »

Cette manière de raisonner révèle tout d'abord un vrai paralogisme. On sent tout de suite que, d'après lui, *force* et matière sont deux entités distinctes qui se trouvent à l'état de combinaison, comme l'alcool se trouve mêlé à une liqueur. Sans alcool, certes, la liqueur n'aurait pas sa raison d'être, car ce serait de

---

1. Il ne faudrait pas se le dissimuler : bon nombre de définitions sont inexactes; telle est celle de la propriété de la matière. Ne dit-on pas dans tous les traités de physique que la matière a besoin d'une cause extérieure pour changer d'état ou de direction? En parlant ainsi à quelle *forme* de matière fait-on allusion? l'oxygène, par exemple, a-t-il besoin de quelqu'un pour s'unir au fer? Les éléments primitifs agissent d'après leurs affinités, sans besoin de secours étranger.

la crème ou du sirop. Ce n'est pas ainsi : la force n'est autre chose que le mouvement, propriété immanente à l'éther, et le mouvement n'est autre chose que la matière mise en jeu ou la substance éthérée en mouvement, si bien que l'un est l'autre, *idem et unum.*

Ce n'est pas l'école des positivistes qui ajoute *fractions à fractions, des heures à des heures pour faire l'éternité.* Elle exclut le temps qu'admet le spiritualisme, selon lequel Dieu — esprit lui aussi (???) — avant la création de l'univers régnait (où), occupait tout (tout quoi ?) de son immensité (de quelle nature ?) ; puis tout à coup, s'improvisant cause, a fait des gaz dont l'origine fixe la naissance du temps.

Et ce Dieu, avant la création de la matière, à qui donnait-il son impulsion ? Était-il en repos ? Et si du repos il est passé à l'acte... de l'impulsion, comment est-il IMMUABLE? Si l'on veut sauver Dieu... au moins du ridicule, il faudra bien admettre que la matière éthérée, telle que l'entend la science aujourd'hui, est éternelle. Un prince n'est pas plus déshonoré pour vivre en compagnie plutôt que seul, *adorant soi-même,* comme a dit Lamartine.

Entendons M. Chauvet : l'Éternité absolue (?) suppose l'infinité absolue (?), qui suppose l'unité absolue (?), qui suppose l'immuabilité absolue (?), ou plutôt il n'y a qu'un seul absolu (?) qui s'est défini lui-même : *Ego sum qui sum* (?), je suis celui qui est [1]....

----

1. Modèle de cercle vicieux. Qu'est-ce que l'être? celui qui est. Et celui qui est? c'est l'être. Et la cause de cet être, la raison de cet être?

Lorsque quelqu'un qui ne s'entend pas lui-même parle à un autre qui ne l'entend pas, c'est de la métaphysique, disait Voltaire. Nous ne voulons pas faire l'affront à M. le docteur Chauvet de croire qu'il ne s'entend pas ; mais nous pouvons lui jurer sur notre honneur que nous ne l'entendons point.

III

La matière n'est pas éternelle, dit M. Chauvet, parce qu'elle est limitée par le temps. Mais c'est là encore un sophisme de fausse supposition, parce que vous la croyez créée. Elle n'est pas infinie, parce qu'elle est contenue dans l'espace[1]. Mais qu'est-ce que l'espace, un récipient ou l'infini ? Y a-t-il quelque chose au delà de l'espace ? Elle n'est pas *une*, parce qu'elle se compose de parties essentiellement divisibles ; mais nous confondons encore la substance éthérée avec ses composés, atomes, molécules et corps complexes. Elle n'est pas *immuable*, parce qu'elle se transforme sans cesse, — c'est vrai, mais étant toujours elle-même au fond, ne s'altérant ni ne variant jamais : l'oxygène sera toujours l'oxygène,

1. On ne veut pas, pensons-nous, parler géométriquement, car alors nos conclusions seraient plus rigoureuses.

l'azote sera toujours l'azote. « L'absolu, ayant la plénitude de l'être (être quoi?) exclusive de toutes limites de temps, est nécessaire. » Mais l'éther aussi est nécessaire, puisqu'on ne saurait concevoir un instant où il a pu commencer d'être.

« La matière étant limitée dans tous les sens, dépend des limites qui la circonscrivent. » Quelles limites? Est-il quelqu'un qui se fasse fort de les connaître? A moins que le mot *matière* ne soit pris pour corps à formes déterminées, tels que table, cercle, triangle.

M. Chauvet ne se dissimule pas tout le vide de ces gros mots, et il reprend diversement son argumentation : « Pour atteindre à la substance de la matière, il faudrait arriver à l'atome indivisible. Or, cet atome ne représente rien...

Vraiment M. Chauvet? Et que devient alors votre fluide animal, votre électricité, *ces effluves, ces auréoles*, dont vous nous parlez dans tout votre ouvrage? Que deviennent les gaz? Se composent-ils d'atomes indivisibles ou de gros blocs en nature?

M. Chauvet reprend : La matière universelle étant composée de parties, et chacune de ces parties, quel qu'en soit le nombre, étant nécessairement limitée, finie, comment le tout résultant de leur ensemble pourrait-il être infini?

Si la matière est universelle et nécessairement adéquate à l'infini, si l'on veut que celui-ci soit quelque chose de possible, l'argument de M. Chauvet est une bulle de savon, et sa réduction à sa résultante est une pure abstraction, un abus de mots, une impossibilité ; car la matière est inépuisable comme l'infini, si cet infini est quelque chose. Constatons que M. Chauvet n'est pas plus heureux lorsqu'il répond à cette objection des plus graves : « S'il y avait des limites à la matière universelle, l'attraction centrale précipiterait tous les globes sur le centre attractif. » Dire qu'il faut admettre, *en dehors et au-dessus* de la force d'attraction, de la force motrice aveugle, *une force directrice intelligente* pour faire disparaître le danger (*sic*), c'est recourir à un moyen terme bien contesté, à une pure hypothèse. Nous ne voyons même pas pourquoi on s'amuserait à faire encore de la science, puisqu'en définitive, Dieu tient toutes les ficelles derrière le rideau de l'infini? Un Pélion de calculs jeté sur un Ossa de soupçons n'aboutirait qu'à nous écraser sans profit. *Aimons et rendormons-nous.* (V. H.)

On nous parle d'un *pivot, d'un pivot absolument fixe, immuable ;* mais nous n'entendons plus rien à cet infini qui est localisé au centre.

« Voulez-vous qu'il y ait des lois sans législateur ? »

Pourquoi ce législateur est-il? Parce qu'il est, parce qu'il faut qu'il soit. Et ces lois ne pourraient-elles pas être au même titre? D'ailleurs, nous avons dit que les lois ne sont que la constatation et l'expression d'un phénomène, de sorte que tout se réduit à des faits s'enchaînant les uns aux autres, et ces faits sont parce qu'ils sont : *est quod est*. M. Chauvet lui-même ne nous semble pas trop s'écarter, en définitive, de notre manière de voir, lorsqu'il dit : L'attraction n'est qu'un simple fait d'observation qu'il a plu à la science d'ériger en loi. M. Chauvet termine sa théodicée par conclure que le fini ne saurait embrasser l'infini.

A notre tour, nous lui demanderons si l'infini est le fini, l'atome, la molécule, ce que l'on voudra. Oui? L'un ne sera pas sans l'autre; donc ils seront identiques et impossibles à distinguer. Ils ne l'ont pas toujours été, dira-t-on. Le seront-ils toujours? En cas affirmatif, puisque rien ne se détruit, et que l'âme et la matière sont dites *sempiternelles*, pourquoi donc répugnerait-il qu'ils eussent toujours été ensemble de toute éternité?

L'infini, par contraire, est-il distinct de l'infini tout en l'embrassant? Il y va de sa dignité en bien des cas; mais alors il sera limité par le fini. Donc l'infini, dans le sens des spiritualistes, n'existe pas puisqu'il y a quelque chose qui n'est pas lui.

Maintenant qu'y a-t-il de vrai dans tout cela? Une escrime de mots incompréhensibles, ce que Voltaire appelait métaphysique, et le poëte, *nubes et inania*.

IV

Il est une foule d'autres questions, telles que les causes finales, la Providence, la moralité, le libre arbitre, que nous passons sous silence. Il nous faudrait un gros volume et tous nos efforts n'aboutiraient pas à modifier une seule idée subjective de l'auteur.

Nous ne discutons pas non plus avec M. le docteur Chauvet au sujet du darwinisme et des générations spontanées dont il fait un sujet de persiflage plutôt que d'un sérieux examen : M. Chauvet veut à tout prix un *œuf* et un *doigt*.

Pourquoi lui en voudrait-on ?....

Rendons-lui cette justice : Bien que d'un avis contraire, il n'a garde d'oublier les lois de la modération et de la convenance; les lignes suivantes en font foi (page 195) :

« Je vais plus loin : J'accorde sans condition et la transmutabilité des espèces animales et l'hétérogénie, pourvu qu'elle n'aille pas prétendre arriver quelque jour à faire jaillir d'un tas de matières en fermentation savamment combinées, non plus une simple cellule mouvante, mais un homme vivant et pensant. »

Que nous sachions, nous ne connaissons point de *naturiste* de cette force, ni animé de cette prétention.

Un peu moins d'exagération en tout rendrait la vue un peu plus claire et le · tempérament plus raisonnable.

Quant à l'autre condition mise au bas de sa concession portant sur la similitude apparente de tous les embryons, c'est peut-être ce que M. Chauvet a objecté de plus apparemment sérieux. Si nous disons apparemment, c'est que M. le docteur Chauvet sait mieux que nous que l'embryon d'un type organique devient plus d'une fois, — contrairement à ce qu'il prétend, — autre chose que l'individu de ce type. Témoin le monstre, dont a accouché dernièrement une femme de Nicbolon. Enfin, M. le docteur Chauvet n'est pas difficile comme tant d'autres obstinément attachés au merveilleux ; il veut bien accorder jusqu'aux rapports sériels des espèces perdues avec les survivantes et les nouvelles, pourvu que le matérialisme ne prétende en tirer logiquement aucune conclusion en faveur de sa thèse. Il a raison, selon nous ; la science n'a nul droit de donner à l'inconnu de trop larges proportions. Si nous avons essayé de prouver tout ce qu'il y a de hasardé ou d'hypothétique dans certaines croyances philosophiques, il est vrai de dire aussi que rien ne saurait les annihiler, et que chacun est maître de rester fidèle à ses anciennes convictions.

Raisonnons, démontrons autant que faire se peut, mais avec calme, sans prétendre à l'infaillibilité.

Lorsqu'on n'a que de *timides conjectures* à hasarder sur certaines questions, peut-on exiger que tout le monde les accepte comme des vérités incontestables ?

Nous voudrions bien qu'entre savants il y eût moins d'amertume de langage, moins de véhémence dans les récriminations. Le docteur Chauvet l'a bien dit : « Une hypothèse qui peut paraître aujourd'hui ridicule peut devenir demain une vérité des plus évidentes et des plus fécondes. Puisqu'en dehors des mathématiques,. toutes les autres connaissances humaines sont essentiellement si complexes et si polymorphes que chacun ne peut les apercevoir que du point de vue où il se place, l'accord entre les observateurs devient impossible. Que faire alors ? Il serait sage en pareil cas de borner son appréciation à ce que l'on voit et de réserver son jugement *sur ce que l'on ne voit point.* »

M. le docteur Chauvet s'est-il conformé à ces excellents conseils ? Nous nous en rapportons à sa conscience.

V

Nous voudrions bien relever le gant qu'a jeté M. le docteur Chauvet au sujet de l'âme des bêtes lorsqu'il dit : « Je défie bien que l'on me démontre qu'il y a plus d'esprit chez le singe que chez la fourmi. » Mais pour cela il nous faudrait savoir ce que M. le docteur Chauvet entend par *esprit*. Les malentendus occasionnés par la double entente des mots ne font que rendre les disputes plus longues et plus oiseuses. Dans la série animale, M. Chauvet ne voit que des différences et nulle part des degrés. Entre êtres de même espèce, oui, il y a différence. De deux animaux donnés de la même mère, l'un est doux, l'autre est fougueux ou farouche ; l'un se fait remarquer par sa docilité aux leçons de son maître, l'autre s'y refuse. D'après nous, il y a là différence. Cette divergence de caractère et de tempérament se laisse mieux saisir encore entre les hommes.

Mais si vous n'admettez pas qu'à la gradation physique 'répond la gradation intellectuelle à l'aide d'un principe vital, vous en serez réduit à l'hypothèse de la différence des âmes chez les mille espèces d'animaux, et obligé avec M. Agassiz d'imaginer un paradis destiné à les recevoir après leur mort.

Nous croyons nous rapprocher de la vérité en soutenant qu'une force vitale universellement répandue *se gradue* selon l'organisation du corps qu'elle anime.

Par conséquent, plus l'organisme est complexe, moins imparfait, moins rudimentaire est le cerveau de l'animal, plus s'élève le niveau de son intelligence. Ce n'est qu'à ce prix que M. Chauvet pourra prétendre que les âmes sont toutes de la *même nature*. Sans quoi il y aurait iniquité de la part de Dieu (créateur selon l'école spiritualiste) que l'un de nous fût un génie, l'autre un esprit bouché, l'un apte à tout, l'autre incapable de tout.

M. Chauvet nous paraît aussi très-hasardé quand il avance que la bête a tout juste la dose ou le genre d'intelligence nécessaire à la satisfaction de ses besoins physiques propres. Peut-il nier que bon nombre d'animaux, chiens, éléphants, chevaux, dépassent souvent cette limite, et que le chien surtout est capable d'une foule d'actes spontanés qui nous étonnent ? Souvent, oui, c'est l'œuvre de l'homme. Mais parmi nous combien, comme le jeune pâtre sicilien, savent résoudre des problèmes d'arithmétique à l'âge de onze ans ? Ne devons-nous pas tout à l'éducation ? *Felix qui primus....*

VI

M. le docteur Chauvet, avec cette haute intelligence qui le distingue, n'est pas loin d'admettre que la vie au début du globe n'a pu qu'être élémentaire. Mais est-il disposé à reconnaître avec nous que la matière organisée ne s'anime, ne se meut que grâce à un fluide vital répandu dans l'univers et qui enveloppe même comme une auréole la molécule des corps organiques et inorganiques ? Nous ne le croyons pas.

Il consent à reconnaître l'origine de la vie par l'infusoire à condition qu'on lui accorde une âme, un principe spirituel, et il se prend à raisonner ainsi :

« Est-ce qu'il ne se meut pas spontanément ? Or, tout être qui se meut selon sa volonté suppose nécessairement un principe intelligent destiné à diriger ses actes quels qu'ils soient » Et plus loin : « Il n'y a que l'esprit qui progresse, la matière ne progresse pas, ne peut pas progresser ; elle n'est que l'instrument passif du progrès dont l'initiative appartient à l'intelligence. »

M. Chauvet a parfaitement raison : l'âme des bêtes ne peut différer en nature, nous en convenons, et chacun acceptant ses principes, et son point de départ, en conviendra comme nous. Mais en tout il faut considérer la fin.

Si le principe spirituel dérive directement du Créateur et non d'autre cause, nous nous trouvons devant une difficulté qui dépassera celle de l'existence de l'infini.

Faisons fermenter un peu de boue à la façon des Panspermistes ou des Hétérogénistes, n'importe comment. Cent, mille, dix mille monades, vibrions, bactéries, infusoires, en un mot, se meuvent sous notre loupe et manifestent les propriétés de la vie. Mais ces cent, ces mille, ces dix mille infusoires vont être anéantis dans leur action vitale, en un jour, et parfois en moins d'un jour par la volonté de l'homme ou par l'imperfection de leur organisation.

9.

Que deviendront toutes ces âmes? Que deviendra la puissance de Dieu qui agit aux fins? remettra-t-il provisoirement ces âmes dans son éternelle armoire ? Les anéantira-t-il? et que dira-t-on de ce rôle passif et débonnaire que le premier homme venu, à chaque minute, pourra faire jouer à Dieu obligé de faire et de défaire à l'instant l'œuvre de commánde ou de caprice ? Faut-il croire avec les spirites qu'il les garde pour de nouvelles réincarnations? mais que d'objections soulève cette mince hypothèse !

Tout s'explique, au contraire, si l'on reconnaît au fluide vital, généralement admis, et justement dénommé *âme universelle*, le rôle tout naturel que nous lui assignons.

VII

Passons à l'autre point et ici nous parlerons pour notre propre compte.

« Il n'y a que les esprits qui progressent. »

Admettons l'existence réelle de l'âme, substance qui n'est matière ni grossière ni subtile à aucun degré, d'une nature comme on n'en connaît pas et comme même on aurait de la peine à l'imaginer. Ce principe spirituel est-il le même chez tous les êtres animés? ce nous semble rationnel. Car, sans cela il faudrait établir des catégories d'âmes indéfinies, dont un bazar contenant des vêtements ou des objets à la portée de tous les âges pourrait seul nous donner une idée.

Cela admis, M. le docteur Chauvet verrait bientôt avec nous la nécessité de conclure que l'organisme plus ou moins complet gradue seul les innombrables existences animales... Notre savant docteur reculera devant cette conclusion que seule autorise à rejeter la croyance — téméraire — à la création multiple et variée des âmes.

Concédons pourtant : chaque série animale aura donc une âme adaptée à sa constitution physique. M. Chauvet prétendra-t-il que les âmes varient d'individus à individus ? Il y aurait iniquité de la part de la divinité qui serait alors la dispensatrice aveugle de priviléges mille fois mal placés, hélas ! L'esprit est donc simple et un partout, ne pouvant ni diminuer, ni croître par la supposition des cellules, soit par endosmose, soit par exosmose, ni se renforcer, ni mûrir, ni décliner avec l'âge. L'âme est, à la fin de sa carrière mortelle, ce qu'elle était à son aurore (nous parlons dans l'hypothèse d'un *dato non concesso*)... Eh bien, d'où lui vient donc cet état, cet essor qu'elle prend dans les arts, dans l'industrie, dans les sciences, où la supériorité des vues jointe à la perfection de l'œuvre lui acquiert justement le nom de génie? N'est-ce pas d'un heureux développement du cerveau ? La mémoire, pour ne nous attacher qu'à une faculté, ne doit-elle pas son élasticité, sa souplesse, sa ténacité à l'exercice des fibres cérébrales ou à la facilité avec laquelle les cellules du cerveau se prêtent à l'impression et à la réaction des perceptions ?

C'est donc l'esprit qui est l'humble serviteur de la matière et non celle-ci l'instrument de l'esprit.

« L'initiative du progrès appartient à l'intelligence. » Ce mot n'est pas exact. Car une pauvre cervelle mal organisée ne répondra jamais à tous les efforts que l'on fera pour surmonter toute difficulté et atteindre à ces connaissances, pour lesquelles las, épuisé, découragé, brisé, l'esprit est contraint de reconnaître son inaptitude. Si le cerveau était l'instrument docile de l'âme, il n'y aurait pas de tentative avortée et d'ambition déçue. Il est des intelligences où le *labor improbus* ne vient à bout de rien.

Si dans le langage ordinaire prenant l'effet pour la cause, on attribue à l'intelligence ce qui revient à l'organisme, en disant : « les esprits progressent », c'est là une erreur accréditée par l'irréflexion et l'éducation, et mieux encore reçue par l'usage d'ennoblir notre diction. Ne dit-on aussi le feu ou la verdeur de l'esprit, l'ardeur de l'âme, l'éclat de l'imagination, l'élasticité de l'intelligence ? Est-ce l'esprit qui s'échauffe ? Est-ce l'âme qui brûle, est-ce l'intelligence qui se plie pour se redresser et se détendre ?

Citons un exemple que nous fournit M. Emm. Briard.

« Que de fois, dit-il, nous courons à la poursuite d'un

souvenir sans pouvoir l'atteindre ! Et puis quand nous avons renoncé à rattraper ce qui nous échappe, soudain il vient apparaître dans notre entendement ! » Dira-t-on que c'est là un phénomène d'association d'idées ? Mais que ce soit un air de musique entendu au théâtre trois ou quatre mois auparavant, quelles idées analogues pourra-t-on invoquer comme propres à ramener celle que nous cherchons ? Des idées musicales ? D'abord il y a interruption dans le cours de mes pensées. Ensuite, on assure généralement que pour ne pas s'égarer, il faut bien se garder de penser un air quelconque.

Puisque l'intelligence s'efforce énergiquement quoiqu'en vain pour joindre ce qu'elle veut, l'obstacle ne vient pas d'elle, et ce sera à la vibration de la cellule qui répond à telle ou à telle idée, qu'on devra le retour du souvenir. Gardons-nous de donner aux mots toute la valeur des choses.

VIII

Et puisque nous y sommes, épuisons toutes les objections, mais non plus pour notre compte.

M. le docteur Chauvet, **M.** Vernier, **M.** Janet et d'autres métaphysiciens refusent de reconnaître dans l'action encéphalique la cause génératrice de la pensée. Selon eux, la cause et la condition d'existence ne sont pas à confondre comme si elles étaient identiques. C'est toujours arguer par la supposition que l'esprit est une entité à part, enfermée dans le crâne, comme une chrysalide dans son cocon. « Les phénomènes, — l'action cérébrale et la pensée, — se produisent ensemble ; mais nous ne savons pas pourquoi, » a dit Tyndall.

Il s'ensuit que les spiritualistes ne sauraient invoquer aucun phénomène de priorité qui permette le moindre raisonnement. C'est donc toujours une présomption qui fait la base de la croyance à l'existence de l'âme.

Bref, voici une expérience que nous croyons décisive. M. le docteur Herzen a pratiqué la section du nerf olfactoire à de jeunes chiens, et ces jeunes chiens perdent aussitôt jusqu'à l'instinct de téter. Ils ne savent plus faire de différence entre un objet mangeable et un objet qui ne l'est pas, entre le maître et un étranger. Quoi ! s'écrie M. Herzen, les attributs intellectuels, les plus belles qualités morales, sont anéantis par la section d'un nerf, ou plutôt tout cela ne s'est pas développé ? Si les propriétés intellectuelles et morales provenaient d'un principe immatériel, ne serait-ce pas de leur part une singulière docilité que de faire dépendre leur développement et leurs manifestations de l'état matériel du corps, de cesser d'exister à la suite d'un trouble imperceptible dans l'organisme ?

Mais est-ce que les partisans de la puissance cérébrale sont mieux fondés en, regardant le cerveau comme cause de la pensée?

La physiologie moderne a observé que sans cerveau point de pensée. Un enfant naît de son père et de sa mère ; existerait-il sans eux, dit M. Lefèvre?

Supposons la lumière. Le soleil, son principe constitutif, sa cause vraie ; nos yeux seront comme des volets, la condition *sine qua non*. — Mes yeux sont-ils fermés? point de sensation lumineuse. Sont-ils ouverts? c'est le contraire. Mais remarquons que j'ai mille moyens pour vérifier la cause en dehors de la condition, les sensations des autres, la concentration des rayons sur une lentille, expérience que je puis faire même les yeux bandés, la chaleur qui en émane, etc., et je puis dire que, si pour le moment, mes yeux étant fermés, je ne puis jouir de la lumière, elle n'existe pas moins en dehors de moi. — Peut-on de même, par l'expérience, vérifier l'existence de l'esprit en dehors de la condition? Non, mille fois non ; il n'existe donc qu'en vertu de l'anthropomorphisme.

Mais pourquoi le cerveau seul donne la pensée?

La science, aujourd'hui, a dit avec raison M. Sully Prudhomme, se contente d'observer *comment* un phénomène est déterminé par d'autres qui le précèdent ou l'accompagnent, quelles sont ses conditions d'existence et non plus quelles sont ses causes.

IX

M. le docteur Chauvet ne l'entend pas ainsi. « Un fait dont j'ai été témoin me revient tout à coup avec toutes les circonstances de temps, de lieu, etc. Est-ce que le tableau compliqué de ce fait serait resté latent dans mon cerveau, pendant un demi-siècle, pour réapparaître fortuitement sous l'influence de certaines vibrations des filaments de cet organe? D'abord mes souvenirs n'ont rien de fortuit, puisqu'ils ne reviennent que quand ma volonté les évoque; mais ensuite ma substance cérébrale s'est renouvelée sept ou huit fois en entier, dans l'intervalle qui sépare le fait de son souvenir. »

Ce raisonnement vient confirmer cet aspect multiforme dont nous a parlé M. le docteur Chauvet, et qui donne motif à ces mille appréciations variées, formées sur le même objet.

Etablissons d'abord : 1º que le fait se représente plus souvent fortuitement que par l'appel de la volonté [1], si l'on peut appeler fortuit ce qui a sa cause occasionnelle dans une excitation intérieure par le pouvoir réflexe dont est doué le cerveau ;

[1]. Bien des fois malgré elle !

2º Que malgré de nombreux efforts nous ne pouvons rejoindre un souvenir, un nom, un vers, une maxime, etc. ;

3º Qu'il est des faits dont il nous est impossible de confirmer la réalité, lors même qu'un ami ou un juge vient nous le retracer. Et pourtant notre esprit est (*supposé*) un, simple, indivisible ;

4º Que quand le phénomène a lieu par l'appel de la volonté, celle-ci est toujours déterminée autrement que par elle-même, c'est-à-dire *motu proprio.*

En effet, n'oublions pas que, quand nous voulons quelque chose, notre volonté reçoit le plus souvent le branle de dehors, et que la réaction est proportionnelle à la somme des excitations. Il n'est pas de désir qui ne soit éveillé par quelque motif déterminant extérieur. Faute de se rendre compte de l'efficacité des stimulants extérieurs, mille fois imperceptibles, parce que peu importants, nous accordons à l'esprit (supposé toujours) une initiative qu'il n'a pas, ce qui fait, comme dit le docteur Herzen, qu'étant connu le caractère, le tempérament et l'éducation d'un individu, nous pouvons jusqu'à un certain point préciser la ligne de conduite qu'il adoptera dans un cas donné, ce qui serait impossible si les déterminations de la volonté étaient libres et arbitraires.

De même, que de fois, par mille particularités, nous faisons plier les volontés des autres à notre gré. Nous avons parlé des excitations extérieures remarquées ou non remarquées ; mais il en est aussi d'intérieures, tenant à mille causes purement physiologiques, que le but de cet article ne nous permet seulement pas de signaler.

Quant au renouvellement de la substance cérébrale, elle ressemble à cet arbre dont les feuilles changent, les fibres grossissent, le tronc s'épaissit, les branches se développent, mais dont les fruits sont toujours les mêmes et peut-être meilleurs. Cette comparaison vaut ce que valent toutes les comparaisons, et nous nous permettrons, sans nous livrer à de longs détails physiologiques, deux ou trois questions. Pourquoi oublions-nous les impressions et les faits de nos premières années, tellement qu'à l'âge de douze ans, il nous a été impossible (nous parlons de nous-même) de ressaisir les traits les plus caractéristiques de notre enfance, lors même qu'on nous les retraçait à la mémoire ? N'est-ce pas l'effet de la faiblesse musculaire, et pas de l'âme qui ne peut ni changer, ni progresser comme étant simple? Si les couches de tissus cellulaires, le peu de fermeté de la pulpe cérébrale, le fluide presque aqueux qui les abreuve, sont pour quelque chose dans l'oubli signalé, et qu'ils constituent pour l'esprit la condition *sine qua non*, le changement supposé par M. Chauvet ne lui serait-il pas fatal pour le souvenir ? Si les filaments nerveux, les cellules, en un mot la substance cérébrale changent, d'où vient cette persistance d'un mauvais caractère, ces habitudes vicieuses qu'accusent nos premiers jours, et dont l'âme, dans le sens des spiri-

tualistes, ne doit pas être reconnue responsable,
puisqu'elle sort des mains de Dieu? D'où vient que
notre sang, nos fibres, notre pulpe cérébrale changent
sept ou huit fois, et que tout le corps participant à la
transmutation cérébrale, ce changement de substance
n'entraîne pas avec soi ni nos céphalalgies, ni nos
affections psoriques, héréditaires ou acquises dès
notre jeune âge, et qu'au contraire, elles nous accompagnent obstinément jusqu'à la tombe?

Pourquoi le retour fréquent des impressions les
rend-il plus distinctes, et que la répétition des mouvements les rend plus faciles, plus précis et plus nets?
Dira-t-on que l'esprit peut lui aussi, à force de vouloir, rendre les fibres plus souples et plus obéissantes?
Mais par quel mécanisme? Par quel moyen d'action?
Inconnu. Les parois des cloisons des cellules ne restent pas toujours les mêmes de forme, et petit à petit,
elles prennent plus de consistance ; les sucs muqueux
qui les imprègnent se changent par degrés en solides ;
elles se condensent, elles embrassent de plus près la
pulpe sentante, et celle-ci, à son tour, devient progressivement plus ferme... Sont-ce là des modifications qui
affectent profondément notre organisme? (*Voir à la fin.*)

M. Chauvet reproche enfin l'inexactitude de la comparaison entre la pensée et les vibrations électriques
des filaments du cerveau avec le rapport entre le son
et les vibrations de l'éther; d'abord parce qu'on ne
connaît guère mieux le cerveau que l'éther (connaît-
on mieux le rapport entre l'esprit et la matière? c'est

plus que difficile, c'est inimaginable). Ensuite, parce que si l'on comprend les vibrations d'un corps dans un milieu moins dense que lui, comme celles des cordes d'un instrument dans le milieu aérien, on ne comprend guère les vibrations de ce même corps dans un milieu solide, compacte et exactement limité par une boîte inextensible, tel que le cerveau ; enfin, parce qu'il n'y a aucune relation entre le son et la pensée.

« *Le son n'est rien* en dehors de nous; il n'existe que par rapport à notre sens de l'ouïe; de sorte que, si nous étions privés d'oreilles, nous n'aurions aucune idée du son. Il n'en est pas de même de la pensée qui se confond avec l'être pensant. »

Le son est toujours le résultat de vibrations rapides imprimées aux molécules des corps élastiques. Pourquoi ces mouvements vibratoires des filaments cérébraux ne pourraient-ils pas avoir lieu lorsque Chladni a trouvé que les vibrations longitudinales *dans le bois* rendaient la vitesse du son dix à seize fois plus grande que dans l'air, et que Sturne a remarqué que dans l'eau elle est de 1,435 mètres, c'est-à-dire le quadruple de celle qui a lieu dans l'air? Un ressort qui se casse dans une boîte de montre a-t-il besoin de beaucoup d'air pour vibrer?

Oui, la condition de la perception du son est incontestablement notre oreille; cependant celle-ci constate l'effet de la vibration, mais ne le détermine pas, de sorte que, si nous étions sourds, la vibration n'existerait pas moins en dehors de nous. Est-ce que la pensée existerait sans le cerveau? Et si l'on ne peut se faire une idée de la pensée sans l'organe cérébral, sera-t-il possible de se faire une idée de l'esprit qui se confond avec la pensée?

X

M. le docteur Chauvet s'écriera-t-il que ce sont là des théories *infâmes, désolantes, impitoyables, cruelles*? Pas plus que la suppression de l'enfer des catholiques, à laquelle notre savant ami a prêté l'appoint de son éloquente et chaleureuse plume.

Ne subordonnons jamais les questions scientifiques à des considérations d'un autre ordre; sans quoi nous demanderons à être ramenés aux carrières de l'obscurantisme. Le but, la fin, les conséquences? Ce sont des bornes devant lesquelles la vapeur nous emporte.

Au bout de la route et loin d'*elles*, nous travaillerons à pénétrer nos semblables de cet éternel principe qui doit survivre au changement des idées surannées et même des religions : « Que l'homme est fait pour la vertu et la vérité [1]. »

---

1. Non pas cette vertu de convention consistant à s'abstenir du mal pour éviter l'enfer, mais celle qui repose sur le droit et la justice, d'où l'amour du bien pour le bien.

LES RÊVES

La plupart des spiritualistes affirment que l'âme abdique toute initiative et tout empire pendant le sommeil; d'autres, voulant concilier la puissance de l'âme avec les phénomènes physiques *dans cet état,* imaginent que quelques-unes de ses facultés demeuraient toujours éveillées. Lesquelles? Ah !...

Et puis, ces bons philosophes oublient que les facultés ne sont que des modifications d'un même principe *un* et *simple,* et que ces modifications ne sont que des abstractions, mais non des entités distinctes et séparables. Une âme pareille nous rappellerait ce lièvre, qui, selon le fabuliste, ne pouvait dormir sinon les yeux ouverts,

D'autres et ce sont les mieux avisés, s'écrient : « Que savons-nous, que pouvons-nous affirmer dans cette incompréhensible histoire des phénomènes nerveux !... »

Pour nous, ce qu'il y a de certain, c'est que notre prétendu esprit n'y est pour rien; car si celui-ci y était pour quelque chose, il ne s'égarerait pas *sciemment* dans le domaine de l'horreur et de l'extravagance. Le rêve ne dépendrait absolument ni d'une digestion difficile, ni d'une susceptibilité nerveuse, ni d'un trouble des sens, ni d'une affection morbide. Dans son logis, on peut avoir des perturbateurs, mais... le chef est toujours assez fort pour dire : L'ordre, j'en réponds.

Bref, si l'on a quelques idées pendant le sommeil, elles ne nous viennent ni de notre esprit *qui veut*, ni même des impressions qu'il a éprouvées, puisque souvent nous voyons ce que nous n'avons jamais vu auparavant :

> *Velut œgri somnia, vanæ*
> *Finguntur species.....*　　　　　(Hor.)

Nous allons plus loin. Un esprit voit, sent, perçoit tout ce qui est au dehors de lui, quand son activité est en jeu. Cet esprit qui, après sa mort, pourra se passer de sens, pour apprécier, jouir, souffrir et connaître tout ce qui se passe *là-haut* [1] et *ici-bas*, au

---

1. M. Flammarion, dans une savante et spirituelle conférence, a fait sentir tout ce que cette expression *là haut* a d'absurde. Où sommes-nous donc? Où roule donc notre planète? Autrefois Voltaire avait aussi dit avec justesse : « Que prétend-on quand on dit le ciel et la terre, monter au ciel, être digne du ciel? On dit une énorme sottise, il n'y a point de ciel; chaque planète est entourée de son atmosphère, et roule dans l'espace autour de son soleil. Il n'y a ni haut, ni bas, ni montée, ni descente. » *Dial.*, xxi.

moins relativement à lui et aux siens, comment se fait-il qu'il ne peut ni savoir, ni comprendre, ni apercevoir la moindre lésion des organes intérieurs auxquels il préside, et nous révéler le mal qui nous mine? De même qu'il *sent*, il pourrait aussi *savoir*. MYSTÈRE encore ici! Mais pourquoi recourir à ce mot sacramentel qui laisse tout dans les ténèbres, lorsque la physiologie les dissipe au moins pour les trois quarts?

Le chasseur ou le voyageur, dira-t-on, se réveille bien à l'heure qu'*il veut*.

Pour attribuer quelque valeur à cette objection, il faudrait pouvoir établir que dans ce phénomène, nulle part ne revient au système nerveux surexcité d'avance par la préoccupation du départ.

L'esprit n'est le maître ni du sommeil ni du réveil. Une personne que nous connaissons, de trois mois n'a pu fermer l'œil, malgré l'immense envie qu'elle en eût. Au reste, pour un qui se réveille à un moment donné, combien on en compte qui s'oublient!

M. TRÉMAUX ET LES COMPARAISONS

Ayant élargi autant que possible le cadre de la discussion sur le matérialisme et le spiritualisme, on pourrait avec raison nous reprocher d'avoir laissé dans l'ombre les objections d'un homme qui a porté la question dans une sphère où elle ne s'était pas élevée jusqu'à ce jour. Car, M. Trémaux en fait une déduction de sa magnifique théorie sur le *Principe universel de la vie et du mouvement*, le calorique en raison de sa différence.

Ce principe, par lui soutenu avec une supériorité de raison irrésistible, qui finira par s'imposer au monde scientifique avec toute la rigueur des faits et du chiffre, ne saurait nous entraîner lorsque son éminent auteur (tout favorable d'ailleurs aux transformations des espèces) touche à la question de la cause extérieure qui *domine*, *commande* et *dispose*.

Qu'est-ce qui régit la matière, selon M. Trémaux, avec une précision tellement obligée, fatale, rigoureuse, qu'on peut prévoir et calculer ses résultats avec une précision inouïe dans ses mouvements sidéraux mieux encore que le mécanicien ne calcule, ne prévoit la force de son piston moteur, sans même en comprendre la cause ? L'action calorique proportionnelle à ses différences. (*Voir pag.* 86.)

Venons aux conséquences, pour ne pas nous écarter de ce qui nous occupe.

Il y a un principe supérieur qui dispose des actions caloriques, dit notre savant. Et pourquoi ce principe, si le calorique agit fatalement? — Parce qu'il nous serait impossible de lever ou de baisser la main, autrement que ne le voudraient *fatalement* les actions caloriques, si elles agissaient seules, comme dans les mouvements matériels. Si cette loi calorique régnait seule dans l'être animé, il n'y aurait que des mouvements inévitables et aucun mouvement volontaire.

Nous voyons là deux questions à scinder. Tout s'accomplit *fatalement* en dehors de nous. Nul ne pourra changer le moindre mouvement sidéral ; car, si cela était possible, tout le système de M. Trémaux s'écroulerait, et nous ne voyons pas pourquoi il aurait dépensé tant de savoir, aligné tant de chiffres pour établir son principe universel sur les actions générales et *spontanées* qu'il a soin de nous prouver avec toute l'évidence d'une vérité indiscutable. Donc qu'il nous permette de conclure que le prétendu *supérieur* est inutile. Sans quoi, il nous faudra comparer ce *commandant* à ce maniaque d'**Élien**, qui s'estimait maître absolu de tous les bâtiments qui arrivaient au Pirée, et dont pourtant il ne prenait aucun souci ni de diriger les mouvements, ni de s'approprier les marchandises. Et d'une. Vient la deuxième question. « L'homme est une machine dirigée par quelque chose de supérieur » (pag. 88, loc. cit.), sans quoi tous ses mouvements seraient frappés de fatalité.

Ce principe est détruit par l'expérience de la solution hyposthénisante, dont l'effet dans l'organisme est d'abolir le mouvement et la sensibilité, et de la solution hypersthénisante, dont l'injection exalte la mobilité et la sensibilité. Donc, conclut l'école matérialiste, le mouvement et la sensibilité sont des attributs de la matière nerveuse. Erreur, répond M. Trémaux. Vous attaquez l'instrument nécessaire à toute manifestation matérielle, absolument comme quand un bataillon d'une armée est anéanti ; ce bataillon n'a plus d'action, et pourtant cela n'empêche pas le général d'exister et de commander encore s'il n'était pas détruit.

Cette comparaison nous met à l'aise, car elle nous sert à merveille. Ce général, vous en constatez la présence, la faculté impérative, malgré la destruction de son armée. Il ne pourra plus se battre à l'aide de ses soldats ; mais au besoin il pourrait, comme Codrus, comme Coclès, comme Décius, faire payer cher sa vie, et prouver à l'ennemi que parfois *un* vaut mille. Mais l'esprit-commandant peut-il manifester encore sa présence, fût-ce par l'acte le plus désordonné ? Va-t'en

voir, s'il vient! Anéantissement complet. Et puis,
quel est ce *supérieur* qui, dans le cas d'hypersthénésie,
ne saurait maîtriser ni ses mouvements ni sa sensibilité?

« Il ne faut pas confondre l'instrument avec l'ouvrier; » c'est bien, hors de la. machine humaine;
mais sans instrument on gratte, comme ce prisonnier
qui s'évada à travers une issue pratiquée par l'effort
de son ongle; ou l'on mord comme Cynégirus l'éperon
d'un navire : le geôlier et l'ennemi ont pu s'assurer,
en définitive, qu'un ouvrier,-même sans outil ou sans
arme, sait accuser sa vitalité. Mais que devient l'es-
prit-ouvrier sans l'organe qui est censé son instrument ? Inconnu, insaisissable.

Une machine électrique, reprend M. Trémaux, *sans
la main* du professeur, ne représentera qu'un corps
inerte, obéissant à la fatalité des mouvements matériels. Oui, mais où est dans la machine électrique un
agencement physiologique? Nous voyons un conduc-
teur métallique, une manivelle, un plateau de verre,
des coussins, des supports isolants, des bras à peigne,
mais nulle part de la matière nerveuse, ni une pulpe
cérébrale avec des sucs visqueux ; bref, un foyer où
s'élabore la vie, c'est-à-dire un cerveau.

« Enfin, s'écrie M. Trémaux, nous sommes tout prêt
à discuter dès qu'on nous apportera *la volonté* dans un
creuset pour l'analyser. »

M. Trémaux sait mieux que nous combien il faut
de termes dans une équation pour dégager une in-

connue. Nous pardonnera-t-il s'il nous arrive de lui faire remarquer qu'il a oublié, dans le cas du creuset, le terme représentant la plus grande cause, la première puissance, le cerveau, avec tous les accessoires de la moelle épinière? Tous les éléments du cerveau, réunis dans un creuset, ne font pas un cerveau.

On a demandé à M. Trémaux s'il était bien assuré que le principe calorique et le principe *supérieur* des êtres animés n'aient pas une même base... Notre savant mathématicien, avec cette franchise de caractère dont son style porte l'empreinte, répond avoir remarqué que ses deux manifestations étant différentes, il a cherché si un lien pouvait les unir; qu'une grande force peut être dominée par une petite; qu'il suffit de rapprocher suffisamment son action, ou bien d'établir ou d'interrompre telle ou telle communication calorique, pour déterminer une action beaucoup plus forte, mais qu'on ne peut rien faire de tout cela sans recourir à l'origine de l'action volontaire (*qui potest capere, capiat*); et qu'après tout, c'est un point si délicat qu'on ne peut l'atteindre sans le détruire.

Cette réponse, assez embarrassée, est loin d'offrir l'exactitude de valeur scientifique qui éclate dans tous ses écrits.

Mais nous demandons humblement, soit à l'interrogateur, soit au questionné : Qu'entendez-vous par principe supérieur? Le connaissez-vous sûrement pour en faire une entité à part et en dehors du système nerveux cérébro-spinal?

En d'autres termes, avez-vous pu vous assurer que ceci, — le cerveau, — est incapable de cela, c'est-à-dire de donner ce supérieur appelé *volonté*[1]?

Pas de supposition, surtout tirée d'une comparaison présentant des termes non homogènes : c'est la seule condition que nous osons mettre à la réponse, ou ce sera l'histoire du rocher de Sisyphe. En attendant, répétons avec M. Georges Pouchet : La métaphysique de Descartes a fait son temps, malgré tous les efforts des Caro et des Janet.

Combien, de nos jours, pleins d'une inconcevable assurance, pour ne pas dire suffisance, parlent de l'âme, sans avoir jamais eu sous les yeux non pas la tête d'un veau, comme le philosophe d'Egmond, mais pas même celle d'un chat écorché?

Nous serions bien malavisé si nous osions faire la moindre allusion aux honorables spiritualistes dont nous avons discuté les doctrines dans cet ouvrage ; mais qu'on aille au pied d'une chaire sacrée !... C'est à propos de cette ignorance en biologie de la part de certains orateurs de carême, que l'archiprêtre L..., homme de beaucoup de sens, nous disait il y a quatre ans : *Et que ne parlent-ils de morale ?*

1. *Voir nos notes à la fin.*

M. DE PLASMAN ET LE PÈRE HYACINTHE

M. de Plasman est un des écrivains catholiques les plus hardis. En le lisant, on s'aperçoit qu'il est encore comme l'oiseau traînant la ficelle. Nous ne regrettons pas d'en avoir pris connaissance, car nous trouvons qu'en combattant tous les systèmes adoptés par les anciens philosophes, les docteurs de l'Église et par l'Église elle-même, il a fait faire un pas immense à la question. Ne désespérons pas qu'un jour, plus libre de raison, il saura donner le coup d'aile dont il a besoin pour placer la question dans la seule sphère où elle pourra trouver une solution rationnelle, sous les inextinguibles clartés de la science.

Nous allons résumer rapidement son opuscule pour lui signaler l'écueil où se brise sa théorie.

M. de Plasman déclare, dès le principe, qu'il reconnaît une âme *liée* au corps, mais qui cependant est *indépendante* de ce corps, et *libre* au milieu des *chaînes* qu'elle porte momentanément [1].

1. Les mots soulignés nous dispensent de toute critique.

Qui a opéré cette liaison? Dieu. D'où vient l'âme?
De Dieu.

Il est fâcheux que **M.** de Plasman prenne pour point
de départ un récit poétique, qui, tout en satisfaisant
les âmes pieuses, est loin d'avoir la moindre valeur
en face de la science.

Il n'accepte pas l'opinion des manichéens, ni des
priscillianistes, ni dés panthéistes, qui, interprétés
sans exagération, pourraient offrir quelque chose
d'admissible. L'âme vient de la substance universelle
et y rentre. Mais ces messieurs ont dit — substance
divine, et dès lors... **M.** de Plasman a raison de les
écarter *du bout de son pied.*

Platon, Origène, Tertullien surtout, qui admet la
transmission des âmes et des corps par le sang, ne
méritent pas de fixer son attention. Saint Augustin
avoue n'y rien comprendre; saint Thomas n'est pas
plus avancé que l'évêque d'Hippone; au contraire...
selon l'abbé Drouix. L'Église, depuis 1688, sur l'autorité d'un seul... cardinal, soutient une opinion
insoutenable, à savoir que Dieu *infuse* les âmes au
sein des mères. L'auteur, fort de ce que la croyance
de l'Église n'est pas un article de foi, réduit à néant
victorieusement la prétendue *infusion*, et le fait sans
façons, ce dont nous le félicitons.

Jean Reynaud, avec ses préexistences, ses pérégri-
nations et ses réincarnations, ne trouve pas non plus
grâce à ses yeux. Quant aux philosophes du xviii^e
siècle, foin des matérialistes. Et pourquoi? Ici, point

de discussion, point de réfutation, mais... des raisons de convenance, que voici : Selon eux, Dieu serait un mot vide de sens pour l'Humanité, puisque la faculté pensante mourrait en même temps que le corps.

Voilà Dieu dépendant de douze cents millions d'hommes pensants, soustraction faite des *brutes* dont il ne vaut pas la peine de s'occuper. Voici cet argument à nu : Si la faculté pensante, c'est-à-dire l'âme humaine, mourait, Dieu serait une nullité, ou tout au moins une inutilité. Et qu'en a à faire Dieu de nos âmes pensantes? n'était-il pas Dieu avant de nous *insuffler sa parcelle divine?* Si nos âmes meurent, eh bien, il aura une peine de moins... celle de nous faire rôtir, pour nous purifier ou pour nous damner.

Dieu qui, selon l'auteur, *ne fait rien d'inutile,* condamne le corps à mourir ; mais l'âme, *qui ne peut vivre sans le corps* (page 63), pourquoi doit-elle subsister à tout prix?

Nous allons retracer rapidement le système de M. de Plasman pour voir jusqu'à quel point il est fondé à *le croire le seul vrai.*

« L'âme se transmet de générations en générations par le souffle primitif de Dieu sur le premier homme, souffle indépendant du sang, et qui néanmoins se révèle, se propage et se perpétue par l'union intime du père et de la mère. »

Voilà Dieu changé en souffleur. Comment a-t-il soufflé? avec la bouche ou avec un tuyau? Apparemment avec la bouche, puisque M. de Plasman nous

dit que Dieu a parlé avant de souffler. Malgré tout le
comique de cette invention, nous n'aurions garde de
lui en tenir grande rigueur, puisqu'il a soin d'ajouter : « souffle de Dieu ou *quoi que ce soit.* » Mais
comment accepter une *particule* de sa substance
divine, qui produit la pensée, l'intelligence et la force
vitale, un souffle qui se développe, se dilate, comme
l'air dans un ballon, se communique à un autre sans
se subdiviser, sans s'amoindrir; un souffle qui est
cause des idées innées, de la croyance en Dieu, du
sentiment du devoir, choses toutes contestées et con-
testables par la raison qu'elles sont contraires à l'expérience et à la vérité? En effet, pourquoi les Néo-
Calédoniens, les Australiens et tant d'autres peuples
découverts par les voyageurs au xviiie siècle ont été
surpris au dépourvu de toute notion de divinité, de
devoir et de droit? Pourquoi toute l'humanité n'aurait-elle pas là-dessus les mêmes idées? Cette harmonie universelle aurait-elle eu quelque chose de
choquant pour la Divinité, ou bien lui en aurait-il
beaucoup coûté?

Force nous est d'abandonner l'auteur aux illusions
de son système.

Nous trouvons à la page 47 : — Adam *statue inerte,*
animée tout à coup par un souffle, devenu principe
immatériel (qu'est-ce qu'un principe immatériel pour
quelqu'un qui *n'affirme pas ce qu'il ignore?*), qui se
développe, puis se change en germe qui sommeille,
en grain de froment (p. 52) ; enfin qui se transforme

n etincelle, tombant sur une matière inflammable
qu'elle embrase [1]. Il faut convenir que toute cette
antasmagorie est loin de présenter quelque chose de
sérieux. Et dire que M. de Plasman proteste contre
les improbabilités et les miracles mis en cours par
'Église?

Et quoi! reprend l'auteur, sans mon hypothèse
comment expliquerez-vous que l'enfant puisse avoir
e caractère et la ressemblance du père? Franchement, M. de Plasman, vous ne plaisantez pas? Voyons :
le souffle, est-ce le père ou la mère qui le transmet ?
Si c'est le père, comme vous le dites si bien, comment
se fait-il que l'enfant, de votre aveu. a souvent les
qualités de la mère? D'où vient qu'une femme stérile
avec un premier mari, marque sa fécondité avec un
second époux? Est-ce que le premier n'avait pas...
ce souffle? Et que devient ce souffle dans des cas où
l'homme dépense abusivement *son sang*, en empê-
chant les effets de l'union conjugale? Se sépare-t-il
de son véhicule pour rentrer dans le réservoir mâle,
ou bien *tenues vanescit in auras?*

Vous parlez des qualités morales dont héritent les
enfants : le souffle de chacun de nous venant du

---

[1]. L'auteur ne s'aperçoit pas que par cette comparaison il intro-
duit deux termes différents dans la question : l'étincelle et la ma-
tère combustible; tandis que plus haut il admet un souffle se
propageant par développement, comme une goutte d'eau devenue
vapeur élastique, par des efforts suprêmes accomplis sous l'influence
de l'amour.

souffle adamique, *primo-primus*, ne devrait-il pas être toujours parfait? Et d'où vient que d'une mère et d'un père vertueux on a un enfant pervers? N'est-ce pas là une preuve évidente que les corpuscules spermiques s'introduisent dans l'ovule de la mère, et que c'est ce germe développé dans les conditions d'un commun concours, qui forme l'organisme, dont dépendent les penchants et les traits plus ou moins identiques avec ceux des parents?

Vous répondez pour ce qui est de la pureté du *souffle*, que celui-ci s'est souillé dans le sang d'Adam : c'est bien dit au point de vue catholique; mais au nôtre... nous n'entendons rien à un souffle *immatériel* qui se souille, lorsque l'électricité, qui est loin d'être immatérielle, ne se souille nulle part.

Jaloux d'assurer à notre âme l'immortalité après la mort, vous flétrissez les conceptions positives et expérimentales de nos jours. Mais n'est-ce pas vous qui avez dit, page 63 : « Là où il n'a pas de corps humain, il n'y a pas d'âme. » Et alors que devient celle-ci après la décomposition de celui-là? Que devient l'âme des bêtes dont le corps n'est pas humain?

Vous comparez le *souffle* immatériel à une poésie enfantée par notre esprit, sans que celui-ci s'altère ou s'amoindrisse? Mais la poésie est une combinaison d'idées adventices et parfois chimériques, et non pas une parcelle de ce souffle divin qui anime un corps et en fait un être vivant. Essayez de faire avaler à une femme la mieux conditionnée toutes les poésies de l'ancienne Grèce, et vous verrez s'il en sort seulement une taupe.

Ce serait long si nous touchions à la métaphysique de notre écrivain, désirs, volonté, liberté, etc. Bornons-nous à rappeler que M. de Plasman, dans une lettre extrèmement courtoise et pleine de raison, relève quelques contradictions échappées à la brillante imagination du père Hyacinthe sur *la paternité*. Cela arrive toujours quand on veut faire parler la raison sous un joug qu'il faudrait briser au préalable. D'ailleurs, les fleurs de la poésie sont insuffisantes pour jeter de la lumière sur le mystère de la génération. Néanmoins, cet éminent orateur, au milieu de toutes ses fleurs, *nolens volens*, a jeté quelque chose qui a tout le parfum de la vérité, et c'est justice de lui en tenir compte : L'AME, a-t-il dit avec les Scolastiques, EST LA FORME DU CORPS. Tout est là : c'est la forme de notre corps, c'est l'innervation encéphalique, le système nerveux central qui constituent notre âme et toutes ses facultés [1].

Nous n'aurions eu souci de parler de M. de Plasman qui, après tout, est maître de croire ce qu'il veut.

---

1. Des penseurs, dignes de ce nom, parce qu'ils partent de l'expérience et non d'un texte qui ne peut faire loi dans le domaine de la science, MM. Coudereau, Asseline et le Dr Letourneau, ont supérieurement traité les questions de volonté, de libre arbitre, de droit et de devoir, dans la *Pensée nouvelle*. Nous aimons ici à leur rendre hommage parce qu'ils ont assumé la pénible tâche de vulgariser les idées les moins hasardées et les plus conformes à la raison. (Voir le recueil de l'année 1868 à 1869.)

Mais M. de Plasman assure qu'il ne nie jamais ce qu'il ignore. Or, pourquoi se permet-il de repousser les *générations spontanées* comme une opinion erronée? Les *générations spontanées* sont un fait constaté par l'expérience et non une *opinion*, un fait que tout homme de bonne foi peut vérifier soi-même. Mais l'homme, dans cette *hypothèse*, ne serait qu'un singe perfectionné, et M. de Plasman ne veut point d'un tel ancêtre. Affaire de vanité; mais que font tous les dédains du monde contre la vérité? Faut-il supprimer la foudre parce qu'elle peut nous frapper?

La sympathique adhésion, hautement accordée par le cardinal Donnet aux générations spontanées, pourquoi serait-elle impuissante à calmer tous les scrupules de M. de Plasman?

LES GÉNÉRATIONS SPONTANÉES

I

La prévention est incompatible avec l'impartialité.
Lorsque l'amour-propre est chatouillé par l'orgueil,
le désir d'avoir raison s'élève jusqu'au degré de la
passion, et devant la passion, il n'est plus ni justice
ni vérité.

Rien ne prouve plus sûrement ce que nous venons
d'avancer que la manière synthétique, ou plutôt le
récit étrangement mutilé que nous a laissé M. P.
Flourens des expériences des deux naturalistes, l'un
combattant pour l'hétérogénie, M. le docteur Pouchet,
l'autre pour la panspermie, M. Pasteur [1].

Voici comment notre illustre académicien s'exprime
sur des faits dont le plus maigre historique exigerait
un volume :

1. La panspermie exprime la génération venant des germes
(*spermos*), répandus partout (*pan*). L'hétérogénie représente la génération spontanée (*hétéros*, autre, différent, dissemblable, et *genno-
mai*, engendrer). M. le docteur Pennetier définit ainsi ce mot :
genèse spontanée s'accomplissant hors de l'économie, mais donnant
naissance à des corps dissemblables de ceux dont ils dérivent.

« C'était pendant un moment à qui présenterait le plus d'êtres nés spontanément. J'engageai tout simplement l'Académie à proposer la question de la génération spontanée pour sujet de l'un de ses prix en 1860.

» J'espérais avec raison, comme l'événement l'a prouvé, que, si jamais un siècle semblait destiné à résoudre cette grande question, c'était le nôtre... Il est impossible que dans un siècle où l'art des expériences est porté si loin que quelque heureux expérimentateur ne s'empare des générations spontanées, et du moins ne jette sur elles un nouveau jour.

» Ce que je prevoyais est arrivé; il est même arrivé mieux (!!!).

» M. Pasteur n'a pas seulement éclairé la question, il l'a résolue.

» Pour avoir des animalcules, que faut-il si la génération spontanée est réelle? *De l'air et des liqueurs putrescibles.* Or M. Pasteur met ensemble de l'air, et il ne se produit rien.

» La génération spontanée n'est donc pas. Ce n'est pas comprendre la question que de douter encore. »

Quel aplomb! La postérité croira-t-elle que cela fut signé par P. Flourens, membre de l'Académie française, etc., etc., etc.?

Erudimini o vos pour qui c'est une sainte loi de *ju-rare in verba magistri!*

Malheureusement pour la conscience humaine (il nous en coûte de le dire, puisqu'il s'agit de sommités scientifiques, pour qui nous voudrions avoir une vénération absolue), au nom de M. Flourens il faut ajouter les noms d'autres savants, en tête desquels nous voyons M. le docteur Simon et M. de Quatrefages, tous les deux éminents à différents titres.

Nous avons vu avec quelle partialité marquée ils se sont exprimés à ce sujet, et l'amour de la vérité nous oblige à les confondre dans l'injustice des mêmes sentiments.

Or voici ce qui s'est passé ; nous nous efforcerons d'être bref sans nuire à la vérité.

Quand, à l'encontre de MM. Van Bénéden, Jobard, Gaultier de Claubry et de Quatrefages, etc., M. Pouchet eut prouvé que les tant vantés corpuscules en suspension dans l'atmosphère n'étaient autre chose que des grains de fécule et de granules de silice [1], l'Académie comprit qu'elle ne pouvait demeurer indiffé-

---

1. Quant aux fameux œufs ou spores, point ou presque point. Nous disons *presque point*, parce que Angus Smith, au moyen du permangate de potasse, est parvenu à prouver que l'air, quelque pur qu'il soit, n'est jamais dépourvu d'une très-petite quantité de matière organique. Mais si l'examen le plus rigoureux, les expériences les plus consciencieuses, faites sur de très-grands volumes d'air, n'ont jamais amené d'autre découverte que celle d'un ou de deux spores au plus, comment expliquer ce nombre immense d'êtres vivants qui s'agitent dans une goutte d'eau, de manière à surpasser le nombre des habitants de la terre, selon l'expression d'Owen? (Par le Dr *Phipson, professeur de chimie à Londres,* Protoctista. — Voir le *Propagateur du Var,* 2e année, n° 7, p. 342.)

Inutile d'ajouter que nous avons puisé les détails de notre résumé au remarquable ouvrage de M. le docteur Pennetier.

rente, ou laisser dans l'ombre une question qu'elle souhaitait *in petto*, pour la plus grande gloire des vieilles croyances, voir ensevelie à jamais, proposa un prix de 2,500 francs à celui qui jetterait un jour nouveau sur la question des générations spontanées.

Les premiers succès obtenus par les hétérogénistes devaient nécessairement inspirer à des adversaires désolés d'être vaincus, la pensée de *ruser*.

Les crocs-en-jambes furent toujours d'habiles moyens pour retarder un vigoureux combattant dans la lice. Les panspermistes invoquèrent l'hypothèse de l'incombustibilité absolue des œufs et des spores des proto-organismes.

Mais le subterfuge fut bientôt réduit à néant par de nouvelles et nombreuses expériences, et tandis qu'on s'évertuait à dénaturer les faits et les écrits des hétérogénistes pour se donner un prétexte de sonner la victoire, de fervents adeptes troublèrent les plaisirs des soi-disant vainqueurs.

MM. Joly et Musset vinrent jeter dans la balance le contre-poids de leur autorité et de leurs expériences, et M. Pasteur vit s'amoindrir le domaine des corpuscules organisés dans l'air, et, désespérant de justifier la véracité de ses ouvrages et de ses assertions réfutées une à une, eut recours à la *panspermie limitée*.

L'atmosphère n'est plus de toutes parts encombrée de germes. mais ceux-ci la parcourent sous formes de *veines* ou de *nuages*.

Nous ignorons si Barthole eût mieux fait. Pour les

plus clairvoyants cette reculade était assurément une
défaite. Malgré bon nombre de concessions de la part
de M. Pasteur, la lutte ne continua pas moins, le feu
étant attisé et maintenu par les évohé des dogmatiques jusqu'à l'époque du concours.

Le tribunal était composé de juges, qui d'avance
avaient révélé vouloir être fidèles à ce principe, qu'à
tort ou à travers on ne saurait manquer de condamner
un....-hétérogéniste.

M. Pouchet avait trop de fierté dans l'âme pour ne
pas se retirer du concours. et M. Pasteur put s'écrier
devant la docte compagnie qu'il était seul.... à partager la proie; et sans autre forme de procès, il emporte
chez lui

Le prix de 2,500 *francs.*   .

Il devait répéter en lui-même qu'il était bien niais
de croire que « à combattre sans péril on triomphe
sans gloire. » En effet, c'est à un si beau triomphe
qu'applaudit M. Flourens, ainsi que tous les chapitres, non de rats, mais chapitres de moines, voire
chapitres de chanoines, qui durent, avec le bon
M. Moigno, s'écrier en chœur :

« Gloire au bien pensant » (*Causerie* par About).
Certes, le régal fut fort honnête : 2.500 francs gagnés
sans suer du front ni sans coup férir... Pendant peut-
être que M. Pasteur était en train de se forger une
félicité à faire pleurer de tendresse tous les abbés,
MM. Joly, Schaulfausen, Pouchet, Mantegazza,

Lemaire et Musset, l'assaillirent sur tous les points.

M. Pasteur, étourdi de ces attaques inattendues, crut qu'il fallait s'aider de la peau... d'un missionnaire, et jouer un nouveau personnage. Or, mêlant l'onction la plus sainte à la raillerie la plus fine, il se hasarda, dans une séance publique tenue à la Sorbonne, à faire le trompette et le héros, et payant d'audace, il assura que le débat était absolument vidé ; que celui qui croyait autre chose était un... galeux, sentant bien son fagot ; il parla modestement de ses lauriers qui le rendraient célèbre dans l'histoire, en serrant probablement dans sa poche, non sans un secret délice, quelques reliquats des 2,500 francs, si laborieusement acquis dans la lutte. Passant ensuite du sévère au plaisant, il évoqua avec un adorable à-propos les souris que Van Helmont prétendait avoir le talent de faire jaillir d'un linge sale, et ajouta avec gravité que tous les hétérogénistes n'étaient que... des faiseurs de rats.

Un si beau discours ne manqua pas de produire son effet. Les gens de *simples ressorts* se mirent à crier : miracle, apothéose !

Mais un assistant, quelque peu clerc[1], troubla la fête : Messieurs, dit-il l'indignation dans le cœur, je pars convaincu que M. Pasteur est dans le faux. En attendant, le nouveau volume de M. le docteur Pouchet arrivait, et le lauréat de la veille fut le

---

1. M. Louis Figuier.

vaincu du lendemain. L'Académie, partageant l'émotion générale, proposa une nouvelle lutte acceptée des deux partis.

Au jour fixé, M. Pasteur procéda à ses expériences tendant à prouver que, si quelques ballons se peuplent de moisissures, les autres restent improductifs. (Il savait cela d'avance lui ; comment n'être pas d'intelligence avec les ballons ?)

De là une zone atmosphérique féconde, une zone atmosphérique stérile. Il devait songer à la Pythonisse du poëte :

> « Son fait consistait en adresse :
> » Quelques termes de l'art, beaucoup de hardiesse,
> » Du hasard quelquefois, tout cela concourait,
> » Tout cela, bien souvent, faisait crier miracle. »

Mais ici encore nouvelle déconfiture pour le bon M. Pasteur. M. Joly signale l'inégalité du liquide employé dans la hauteur des vases, et M. Musset montre que le savant chimiste faisait bouillir inégalement ses ballons, ce qui rendait son expérience complètement illusoire. (Pennetier, p. 61.)

A des observations aussi foudroyantes, M. Flourens lui-même se sentit frappé, et d'un air contrit fit éclater ces mots qu'il devait répéter plus tard dans une autre entrevue : « C'est ce qui a été dit jusqu'ici de plus fort contre les expériences de M. Pasteur. »

Les hétérogénistes allaient procéder à leurs expériences, lorsque la commission, moralement intéressée au succès de M. Pasteur, déclara qu'elle n'était pas disposée à accepter leur programme d'expériences, ni à prendre vis-à-vis d'eux aucun engagement. Cette conclusion peut-elle surprendre quand on se rappelle les paroles du poëte?

> » Tout est prévention,
> » Cabale, entêtement, point ou peu de justice. »

MM. Joly et Musset refusèrent de se renfermer dans le cercle que les nouveaux Popilius traçaient autour d'eux, et se retirèrent.

M. V. Meunier et M. Figuier constatèrent cette reculade de la commission inspirée par la crainte d'une incontestable défaite.

Voir les choses rien que d'un côté et de parti pris, c'est ce que M. Flourens appelle un système. Or, la conduite de l'Académie était archi-systématique, et il fallait briser toutes entraves, ou s'en rapporter désormais à la raison publique.

M. Joly, autorisé par M. le ministre Duruy, donna à Paris deux conférences qui obtinrent le succès mérité : le triomphe était assuré, comme dit E. Noël, et la liberté de conscience pour tout le genre humain affirmée.

Les hétérogénistes poursuivirent le but de leurs recherches, et la période. — la quatrième du débat, — dite embryogénique, fut inaugurée par M. Coste, moyennant une communication faite à l'Académie le 25 juillet 1864.

D'après ce savant, ce que les hétérogénistes prenaient pour des œufs spontanés (membrane prolifère, etc.) n'étaient que des animalcules ankystés apportés par la substance fermentescible, et que le peuplement des infusions n'était dû qu'à une multiplication de ces derniers par scissiparité.

M. Pouchet n'eut rien de plus pressé que d'anéantir les assertions erronées de M. Coste, que quelques organes de la presse regardaient comme le Samson moderne, ébranlant d'un coup de main tout l'édifice. Les œufs spontanés et le kyste avaient des caractères si différents qu'il n'était pas permis de les confondre.

La réfutation de M. Pouchet demeura sans réponse. Depuis, l'hétérogénie n'a fait que gagner du terrain, et des esprits eminents, tels que le docteur Onimus, MM. Donné (qui depuis... mais alors...), Trécul, Meunier, etc., vinrent grossir le bataillon de ses défenseurs.

M. Meunier, entre autres, prouva que la résistance vitale des colpodes ankystés était un vrai rêve, puisqu'ils sont détruits avant l'ébullition.

Quoi qu'il en soit, M. Pasteur se borne à demander des recherches ultérieures... Archias aurait dit : A demain les affaires sérieuses.

Il fallait bien trouver un moyen de se débarrasser d'un fâcheux.

M. A. Donné s'avisa un jour de se retracter. Savez-vous pourquoi ? Il est édifiant de l'entendre. Des œufs de poule, disait-il, soumis à une température convenable et abandonnés à la putréfaction, ne produisent rien tant qu'ils ne sont pas ouverts. Donc la panspermie est un fait évident.

Un simple étudiant de *Port-Royal* aurait compris tout ce qu'il y a d'illégitime dans cette conséquence si lestement tirée. La quantité d'air renfermée dans un œuf est-elle dans les conditions voulues pour produire un résultat significatif? Tout le secret de l'insuccès est là, et nous nous abstenons d'insister sur une question savamment débattue par M. le docteur Pouchet et M. le docteur Pennetier.

Restent les expériences comparées sur la résistance vitale de certains embryons végétaux, expériences que M. le docteur Pouchet a réduites à leurs justes limites, et dont l'exposé nous entraînerait trop loin.

Nous ne saurions, cependant, passer sous silence le contingent fourni par M. le docteur Onimus en faveur de l'hétérogénie.

Ce savant a eu l'heureuse idée de renfermer la sérosité de vésicatoire dans de petits sacs de baudruche qu'il a placés ensuite sous la peau de lapins ou de pigeons, et a constaté l'apparition spontanée d'éléments anatomiques, c'est-à-dire de globules blancs du sang dans ce liquide amorphe.

Le docteur Onimus, comme le remarque avec justesse M. le docteur Pennetier, faisait faire à la question un pas de géant ; car il prouvait la genèse spontanée dite homogénique, parce qu'elle a lieu dans un *organisme semblable préexistant*.

L'œuf qui se produit dans la mère, dit **M.** le docteur Pennetier, s'est formé indépendamment d'elle.

M. Cl. Bernard, quoi qu'en dise encore **M.** Vinhow, a pu voir au miscrocope des globules se former de toutes pièces dans une solution de sérum sucré.

Dans le règne végétal même phénomène. **M.** Trécul a observé dans le suc propre des apocynées des végétaux rudimentaires (amylobacters), tandis que de son côté **M.** Musset rencontrait des bactéries, au sein de cellules végétales closes, s'*agitant avec un élan sans pareil*.

M. V. Meunier a signalé à l'Académie des sciences de Paris l'apparition d'êtres vivants, et en particulier de deux nouvelles espèces végétales dans des conditions où **M.** Pasteur, avec l'accent de l'infaillibilité, les avait déclarées incompatibles avec la manifestation de la vie [1].

1. **M.** Pasteur avait imaginé des ballons à mettre en défaut tous les chauds partisans de l'hétérogénie. Ces récipients ont un col si étroit et d'une telle courbure que tout germe en suspension dans l'air est arrêté, et que plus rien de vivant ne s'y observe une fois qu'en partie remplis d'une liqueur putrescible ils ont été portés à l'ébullition pendant un temps assez long. C'est un coup dont jamais l'hétérogénie ne se relèvera, disait le bon **M.** Pasteur en se frottant les mains. **M.** Meunier a fait bouillir un ballon de 300 centimètres cubes, rempli au quart d'urine d'homme, trois minutes au delà de la limite fixée par **M.** Pasteur, et au bout de 57 jours on y a aperçu deux ilots de nature végétale. Le premier ilot est une variété de l'*aspergillus Pouchetii*; le second ilot présente une espèce nouvelle d'*aspergillus* à têtes pyriformes et déprimées. **M. V.** Meunier a dédié cette espèce à **M.** Pasteur pour le porter à réfléchir sur les propriétés des tubes sinueux, dit-il.

La seconde espèce a été trouvée dans un ballon dont le col

Les démonstrations ne sauraient être ni plus directes, ni plus irrécusables.

Cet exposé, tout rapide qu'il est, des différentes phases de la question, ne convaine pas moins avec quelle impartialité M. Flourens s'est acquitté de la tâche de narrateur et en quelles délicatesses il se trouvait lorsqu'il a avancé qu'après le concours de 1842, la question avait été complétement jugée.

Après cela, M. le docteur Chauvet sera-t-il bien inspiré, dans son remarquable travail sur la *dynamisation* publié à Paris en 1868, de diriger son persiflage contre les générations spontanées et d'affirmer que ce n'a été pour les modernes Prométhées qu'un triomphe changé en cruelle déception ?

Comment s'est-il cru autorisé à écrire qu'*un vrai savant est venu péremptoirement démontrer* que la génération prétendue spontanée, n'était autre chose que le développement, dans un milieu favorable, de ces *innombrables* et *irrésistibles* germes tenus en suspension dans l'atmosphère, qui s'étaient furtivement glissés dans l'appareil à expérimentation ? M. le docteur Chauvet sait à combien de titres et à quel haut degré nous lui avons voué notre profonde estime, mais nous

descendait jusqu'au bas de l'appareil, remontait pour redescendre jusqu'au niveau de la première courbure. Liquide, ébullition, tout conformément aux prescriptions de M. Pasteur. L'examen microscopique a montré cette fois encore un *aspergillus* tellement contourné et gibbeux et si abondant en fructification qu'il ne ressemble à aucun autre. Il a reçu le surnom de *gibbosus*. Décidément M. Pasteur n'est pas heureux dans ses inventions.

avons bien regretté de voir qu'un homme, fondé toute sa vie à se plaindre des appréciations legères, fausses ou incomplètes, se soit hasardé à se prononcer sur une question dont il ne connaît pas tous les éléments.

Que devrions-nous dire de la bonne foi de MM. le docteur Simon et de Quatrefages servant d'écho à M. P. Flourens, si nous ne connaissions pas tout ce qu'a d'empire sur les âmes les plus droites, le respect pour des traditions religieuses, regardées comme la seule boussole de l'humanité?

II

Notre but est ici de vulgariser une vérité acquise à la science, affermie aujourd'hui par mille combats couronnés de succès. Nous nous jetterions dans des longueurs peu en harmonie avec l'objet de notre travail, si nous voulions seulement résumer l'admirable livre de **M. Pennetier.** Les chapitres sur la formation de l'œuf spontané, sur ce qu'il n'y a pas dans l'air, sur les prétendus incombustibles, sur les preuves à ciel ouvert, sur les preuves à huis clos, sur la genèse de la levûre, suffiront pour convaincre les plus rebelles, pour peu qu'ils veuillent juger le procès avec tous les éléments de la cause : tant il y a de vérité, de raison et de science, rehaussées par un style plein d'attrait, et, ce qui vaut encore mieux, par une modération unique, infaillible marque de la certitude de la victoire.

Comment résister cependant à la tentation de dire un mot de ce que M. le docteur Pennetier appelle le dernier refuge des panspermistes ?

Partout, strictement partout, avaient dit les hétérogénistes, l'air est constamment fécond. On se rappelle que M. Pasteur, plus honteux de ses déconvenues qu'un renard trompé par une poule, avait jugé à propos de recourir au fameux *distinguo* des casuistes, et au *secundum quid* des scolastiques ; il avait, par conséquent, limité la fécondité de l'air à certaines zones. Il s'agissait de lui prouver que lui seul, M. Pasteur, en avait le secret. MM. Pouchet, Joly et Musset allèrent un jour, au risque de mille misères, pluie, orages, chutes dans les précipices, remplir d'air des ballons tantôt à la Rencluse et tantôt à la Maladetta, l'une des cimes les plus élevées des Pyrénées, et tout cela en observant strictement les conditions prescrites par M. Pasteur.

Il ne faut pas oublier que, selon le dire du savant panspermiste, plus on s'élève, moins l'air est fécond. La plus grande hauteur par lui atteinte avait été de 2000 mètres au-dessus du niveau de la mer, dans le Jura (Montanvert), tandis que M. Pouchet s'était élevé de 1000 mètres plus haut, dans les glaciers de la Maladetta. Or, huit ballons sur huit se trouvèrent remplis d'infusoires ou de mucédinées.

Une expérience aussi accablante aurait dû plonger dans l'abandon et l'oubli le semi-panspermisme...

Vous le croyez? Il n'en fut rien pourtant : un brin d'herbe sauva la fourmi du naufrage. Ici, devinez ce qui empêche de sombrer l'ovarisme... *Risum teneatis!* c'est un manche... de lime.

Oui, M. Pasteur, avec tout l'aplomb d'un homme qui ne voit plus d'issue pour s'échapper des preuves de ses adversaires, accuse de la fécondité obtenue l'absence d'un manche !

Avec cette assurance que donnent le sentiment du vrai et la certitude du triomphe, MM. Joly, Musset et Pouchet recommencèrent leurs expériences, qui, cette fois, à l'aide de pinces à branches superlatives furent poussées avec un constant succès jusqu'à vingt-deux ballons.

M. Pasteur, pour ainsi dire étranglé par ce résultat, se prend à s'écrier qu'un vingt-troisième ballon eût probablement donné un démenti à ses contradicteurs, et si on l'avait pris au sérieux, nous ne savons jusqu'où il eût prétendu pousser sa progression arithmétique. Et comme il reste au fond de la boîte toujours l'espérance, il en appelle à une nouvelle commission qui est nommée sans délai ; les hétérogénistes relèvent à chaque instant l'irrégularité de ses opérations et affirment d'avance et ce qui doit rester fécond et ce qui restera stérile. Et M. Flourens, devant l'irrésistible puissance de l'autorité des faits, de s'exclamer de nouveau : « *Rien jusqu'ici n'a été dit de plus fort contre les expériences de M. Pasteur.* »

Mais, réflexion faite, ce savant, à qui nous devons tant de travaux surprenants, capables d'illustrer toute une nation et son siècle, a dû se dire avec le docteur Tomé que rien n'est plus beau — surtout pour l'honneur du corps — que de mourir selon les formes, et il a expiré... dans l'impénitence finale.

Nous l'avons vu dans la dernière page de son livre, seule page consacrée aux innombrables expériences de l'hétérogénie, sans réserve et sans appel.

Il ne faut pas espérer que M. le docteur Simon et M. de Quatrefages et M. le docteur Chauvet et tous les bien pensants avec eux, meurent autrement.....

III

Faut-il, après cela. s'étonner que tous les savants de l'Allemagne. de la Suisse, de l'Angleterre, de l'Amérique et de l'Italie, se soient déclarés unanimement en faveur de l'hétérogénie ?

Cependant quelques esprits chagrins que rien ne saurait — au moins apparemment — convertir à une vérité nouvellement découverte, à moins qu'elle ne

porte sur son front le cachet du surnaturel, ont déclaré se rendre à la création d'un être improvisé,
d'un être organisé avec toutes ses pièces. M. Moigno
qui, sous l'enveloppe d'un abbé, cache la moelle d'un
savant, a demandé une souris. Passe pour une cigale,
mais une souris ! Et pourtant on trouvera ses exigences très-modestes comparativement à celles du
comte de Careil. Ce haut personnage réclame un
ancêtre dans une échelle plus élevée : un singe !
Ainsi, tandis que dans la genèse homogénique, c'est-
à-dire s'effectuant au sein d'organismes semblables
préexistants, on ne voit naître que des corps rudimentaires, on condamne l'hétérogénie à donner des
êtres complets, sous peine de se déjuger. Bien plus,
ils exigent de l'homme ce qu'ils n'auraient pas demandé au Dieu biblique lui-même. Car celui-ci leur
aurait répondu : J'ai fait la lumière ou l'éther, puis
le soleil, puis les animaux les plus humbles, les plus
simples tels que les infusoires, les poissons et les
reptiles, et pour chaque être j'ai pris des milliards et
des milliards d'années ; et quand j'ai fait l'homme, j'ai
voulu vous apprendre que rien ne se fait de rien, mais
que tout se permute, se développe et se perfectionne,
puisque je l'ai tiré du limon terrestre et que le rayonnement même de sa raison est soumis au cours gradué
de ses ans.

APPENDICE

COMMOTIONS, BOULEVERSEMENTS TERRESTRES

I

Tous les systèmes absolus sont absolument inacceptables. Le globe a-t-il jamais été bouleversé ? Les uns affirment, les autres nient. Les opinions des deux camps sont soutenues par des noms également respectables dans la science. Tous sont dans le vrai relativement.

La croûte terrestre, une fois formée à la suite du refroidissement des matières incandescentes, a dû éprouver les effets d'une ébullition intérieure et du dégagement des gaz, c'est-à-dire des boursouflements pareils aux bulles qui éclatent à la surface d'une épaisse bouillie en train de se refroidir. Si quelques-uns de ces boursouflements se sont déprimés par un mouvement oscillatoire, d'autres ne sont pas moins demeurés comme témoins des premiers tressaillements de la nature. Or, ils sont loin de porter la trace du moindre mouvement convulsif. Un pareil travail de paisible exhaussement s'accomplit journellement. La Suède monte, le Groënland baisse. Dès que nous nous trouvons en présence d'un terrain primitif, partout nous voyons des dômes arrondis, des mamelons à formes douces...

Mais il y aurait obstination illogique, aveuglement inqualifiable à contester que le globe en certaines parties a été tellement convulsionné que des couches tout à fait horizontales dès le principe sont devenues verticales avec des escarpements plus faciles à concevoir qu'à décrire. Les formations détritiques ne prouvent-elles pas à quelles violentes secousses, à quelles furieuses tourmentes elles doivent leur origine ?

M. Michelet a bien résumé en son pittoresque langage les différentes phases subies par notre planète :

« Est-il aisé, s'écrie-t-il, de supprimer ces crises, ces soulèvements que tous admettaient hier avec Ritter et Humboldt ? Nombre de montagnes témoignent de bouleversements violents. »

Et plus loin : « Faut-il croire que l'animal-terre n'ait subi rien d'analogue, qu'il n'ait eu dans sa longue vie nul passage brusque violent ? Mais ce qu'on pourrait croire en toute vraisemblance, c'est qu'à son premier âge, tout fut facile et doux. Ne rencontrant encore aucun obstacle dans l'écorce qui n'existait pas, elle put librement suivre son essor naturel vers la lumière et l'astre aimé. Pourquoi lui supposer des détonations explosives d'un creuset strictement ferme? Cela se voit fort bien dans ses antiques granits bien antérieurs aux volcans. »

Et enfin, en parlant d'une époque postérieure, il s'exprime ainsi : « La submersion de l'Atlantide n'est nullement invraisemblable. Les tremblements pouvaient être terribles, aux temps intermédiaires, où l'écorce durcie ne se prête pas au passage, à l'ascension ordinaire des éléments plutoniens. De vastes catastrophes purent arriver alors jusqu'à ce que le globe, complétant ses organes, se créa des voies de respiration, de dégagement, les volcans..... »

Si la terre, dit avec justesse M. H. Berthoud, n'avait jamais subi aucun bouleversement, toutes les couches sédimentaires dont se compose son écorce solide, seraient rigoureusement concentriques.

Cela étant ainsi, avec un peu d'attention on ne tarde pas à reconnaître que certaines formations sédimentaires, accomplies par une période de calme, postérieure aux éruptions ou aux exhaussements perturbateurs, sont dépourvues de traces paléontologiques, et que dans une période postérieure on a vu paraître des êtres organiques presque identiques à ceux parus antérieurement ou bien inconnus jusqu'alors et dont la filiation et le développement seraient fort malaisés à établir.

Puisque l'hétérogénie s'affirme par des moyens artificiels, nous ne voyons pas pourquoi les générations spontanées ne pourraient s'effectuer au sein de la nature, en tout temps, là où se trouvent réunies

toutes les conditions favorables pour la réalisation du
phénomène. La terre est le laboratoire par excellence,
et si quelque chose était absolument impossible dans
l'état actuel du globe, il n'est, croyons-nous, aucune
puissance humaine qui pourrait en venir à bout. Si
donc les chimistes réalisent la génération spontanée,
c'est que la nature même actuellement ne s'y oppose
pas. M. le docteur Phipson partage notre avis et le
fortifie par le raisonnement suivant : « A la question
de savoir si le procédé par lequel cette cellule primitive a été originellement formée, est encore actif sur
le globe, une seule réponse est possible, c'est que tous
ces procédés sont encore en action de nos jours. Ne
voyons-nous pas, ajoute-t-il, le fer, le phosphore, le
soufre du règne minéral absorbés journellement pour
constituer le tissu des plantes et des animaux ? Il est
impossible d'analyser le sang sans trouver du fer ou
de la fibrine, du soufre et du phosphore. Les feuilles
des plantes sont fort riches en matières minérales.
Chaque nouvelle cellule qui se forme dans les plantes
ou les animaux est un protoctista.....

Non, la nature ne forme pas spontanément des
êtres tout formés : ce serait là un langage inexact.
Des œufs-*ova*, des spores seuls peuvent se développer
spontanément. (*Voir plus loin.*)

II

Le principe des générations spontanées admis, ne serait-il pas possible que de nouveaux êtres se fussent formés avec des éléments autrement modifiés, et sous l'influence de conditions plus ou moins favorables à ces manifestations ? M. E. Hitchcok, dans sa géologie américaine, nous présente sur la paléontologie un tableau très-intéressant, d'après lequel les éponges, après avoir marqué leur apparition dans le terrain silurien, ne se retrouvent que dans le terrain oolithique et les suivants. Les lamellifères, les échidnes, les stellerides, apparaissent, disparaissent et reparaissent ; dans un ordre plus élevé, la gryphée se montre dans le terrain silurien, est inconnue dans le dévonien et le carbonifère, se rencontre dans le terrain salifère, et se multiplie jusqu'à la formation tertiaire. La création divine mise en défaut s'est-elle renouvelée ? Ce serait trop naïf de le croire. De deux choses l'une : ou la génération spontanée n'a pas perdu ses droits dans les périodes subséquentes ou il faut admettre ce que dit M. Hitchcok, à savoir que les révolutions du globe n'ont pas produit un effet universel. Ce qui disparaît ici, a pu trouver un refuge ailleurs, et Darwin n'a-t-il pas mille fois raison de nous rappeler à plusicurs reprises que les parties cosmiques explorées par l'homme ne constituent pas seulement la centième partie de ce qui est enfoui sous les eaux ou ailleurs?

L'ARCHÉTYPE OU LE PROTOTYPE

Darwin n'a posé qu'un type unique à la tête de la création ; il l'appelle prototype. Faut-il croire qu'il était unique ? Certes, si par prototype on entend la cellule primordiale, la vésicule germinative, le point unique, où, selon Mlle Royer, convergent toutes les diverses séries organiques, l'univers n'a eu qu'un archétype, et Darwin ne saurait trouver de contradicteurs raisonnables à cet égard. Il nous semble, cependant, naturel d'adopter l'extension que donne à l'idée darwinienne l'éminent traducteur de l'ouvrage anglais [1]. « D'où proviendrait cet individu unique ? fau-

1. Nous sommes heureux de saisir cette occasion pour offrir à Mlle Clémence Royer l'hommage de notre profonde admiration, qui sera toujours au-dessous de nos impressions. Nous devons à cette éminente personne une remarquable traduction de Darwin. Notre reconnaissance doit augmenter en raison du haut savoir, des innombrables connaissances qu'elle a mis au service de la cause darwinienne. Souvent elle a élucidé, agrandi le sens du texte. Géométrie, cosmographie, géologie, rien ne lui est étranger. Ses notes ont tout l'attrait d'une science transcendante, comme sa double préface recèle l'esprit philosophique le plus élevé, l'âme la plus indépendante, le plus noble caractère. *Avis rara.*

drait-il, après avoir éliminé si heureusement tant de miracles en laisser subsister un seul? Toutes les analogies font plutôt supposer qu'elle fut féconde sur toute sa vaste surface. Ce serait donc bien d'un type, d'une forme, d'une espèce unique, mais non d'un seul individu que tous les organismes se seraient successivement formés. »

Darwin n'admet que quatre ou cinq types auxquels le prototype aurait donné naissance. Plus on approfondit ce savant naturaliste, plus on trouve sa pensée marquée au coin de la vérité, et plus on apprécie la justesse de ses vues. Ces quatre ou cinq types répondent naturellement aux quatre embranchements de l'histoire naturelle, y compris le type végétal représenté par le cinquième. Ces types se sont diversifiés sous l'influence du milieu et d'autres causes modificatives, et ont constitué ainsi des classes, des ordres ou familles, des genres, des espèces, de manière cependant que tout en divergeant entre eux, ils ne puissent jamais se confondre avec les dérivés des autres types. Seulement est-il rationnel de penser que ces types ne se sont pas tous affirmés dès le commencement, puisque les archives géologiques ne nous en montrent d'abord que quelques-uns, et que Darwin, en les enchaînant les uns aux autres, a surpris, deviné admirablement le travail de la nature? En effet, d'où vient que les labyrinthodons et les dactyloptères ne se retrouvent que dans les couches du grès bigarré? Néanmoins à côté de ces types à formes bien dévelop-

pées se trouvent encore des êtres d'un ordre inférieur,
ou pour mieux dire d'une dimension énormément réduite, ainsi que l'on a vu plus haut.

Cette coïncidence a fait croire que la théorie dar-
wienne était en défaut. Libre à Darwin d'expliquer
cette simultanéité comme il l'entend. Nous ne pensons
pas que sa théorie reçût une grave atteinte, si l'on
s'avisait de l'attribuer aux générations spontanées
que peuvent déterminer des circonstances exception-
nelles à différentes époques, ainsi qu'on le remarque à
la formation du terrain dévonien et à celle de la craie.

LES INFUSOIRES

Qu'est-ce qu'un infusoire? un être infiniment petit
vivant dans une infusion, c'est-à-dire dans un liquide
quelconque, fût-il simple, salin, acidulé, pur ou
impur.

Un homme compétent, M. Dujardin, soutient que le
vrai infusoire est un être charnu, dilatable, contrac-
tile, diaphane et homogène, ce qui lui a valu le surnom de *sarcode*, charnu. A-t-il des fibres, des mem-
branes, un appareil digestif? C'est ce que l'œil le plus
exercé, le plus puissant ne saurait ni découvrir ni
affirmer.

D'après cette description analytique, l'infusoire ne

doit pas être confondu avec le foraminifère[1], et surtout avec les miliolidées et les multiloculidées, dont la coquille est très-dure et la forme chambrée.

D'après nous, les infusoires d'abord, et les foraminifères ensuite, ont marqué la vie animale primitive. M. Flourens lui-même, s'il n'avait pas fait difficulté de se contredire, aurait dû en convenir, car partout où il y a un liquide quelconque, il y a infusoires, avec ou sans' la participation expresse de Dieu, ce n'est pas là la question. C'était le cas ou jamais de citer M. d'Orbigny, lorsqu'il a dit au sujet des infusoires : Leur rôle dans la création dépasse tout ce qu'on peut imaginer. Nous le croyons sans peine. Et quand Linnée, en présence de ces innombrables êtres microscopiques, s'est écrié : C'est le chaos, il s'est mis dans le vrai, selon nous, car l'infusoire est le seul être compatible avec cet état primordial du globe où un souffle puissant remuait tout, agitait tout, animait tout à la fois[2].

Les infusoires ont-ils donné naissance aux foraminifères? Nous le croyons.

Voyez, dès l'époque carbonifère, la *fusulina*, dont les bancs énormes existant en Russie, attestent l'immense

1. Le foraminifère (porte-trous) est ainsi appelé à cause de nombreux pores de la coquille, à travers lesquels passent des filaments contractiles et repteurs; ils sont munis d'une carapace siliceuse ou calcaire. Leur masse compacte forme ce qu'on appelle *tripoli, farine fossile. (Beudant, Alc. d'Orbigny, etc.)*

2. Ce souffle puissant, pour nous, n'est autre chose que le fluide vital. Libre à chacun de l'appeler comme il l'entend, *éther, électricité, force, etc.*

quantité; était-elle la seule à figurer parmi les êtres vivants de cette époque? Nous ne le pensons pas.

Ce point admis, et, si la logique doit être pour quelque chose même dans les œuvres de la création, si, en d'autres termes, la nature ne procède en tout que du simple au composé, dans certains infusoires, nous reconnaîtrons les ancêtres des foraminifères, et dans ces derniers les ancêtres de tous les céphalopodes, des gastéropodes et des acéphales même.

Cette constitution, pour ainsi dire, en miniature, était une vraie nécessité. Avant la formation carbonifère, la température s'élevait, calcul fait, à près de 300 degrés. Elle dut diminuer petit à petit. Lors de la première apparition bien prononcée des mollusques et des crustacés, la température de la terre avait encore plus de 50 degrés. Il y en avait assez pour coaguler l'albumine. Mais elle était loin de pouvoir détruire tous les germes féconds et convenait parfaitement à des créatures d'un ordre inférieur.

M. Zimmermann va plus loin. Après avoir confirmé, par plusieurs expériences faites sur le pain, l'inadmissibilité de l'hypothèse, d'après laquelle les moisissures seraient dues exclusivement à des germes ayant pénétré à travers la croûte fortement cuite, il cite un autre phénomène qui mérite attention.

Un pain a été placé sur un plateau de verre et sous une cloche ayant tous deux la température du four. Or, ce pain, bien qu'il eût été auparavant exposé à une chaleur de plusieurs centaines de degrés, et qu'il eût éprouvé un commencement de carbonisation, a montré dans son intérieur, après douze ou vingt jours, de la moisissure, comme s'il avait été librement exposé à l'air.

Si le carbone et l'azote, conclut le savant allemand, peuvent, dans le pain chauffé à plusieurs centaines de degrés, se modifier assez au bout de quinze jours pour y produire des organismes, pourquoi ce phénomène ne se serait-il point passé après des milliers d'années, dans l'eau jadis en ébullition, d'autant plus que les circonstances étaient moins défavorables que dans nos expériences d'où il a fallu exclure l'air atmosphérique?

Il infère de là que ce qui aurait pu nuire à des animaux d'un ordre supérieur, n'avait aucun inconvénient pour les créatures d'un ordre inférieur.

Spallanzani, dès 1787, et de nos jours même, MM. Pouchet et Tinel ont reconnu expérimentalement que les organismes inférieurs ne sont nullement incompatibles avec des températures extrêmes.

Cependant, il n'est pas dit que tous les infusoires soient venus à la vie ni avec les mêmes formes, ni avec les mêmes dispositions, ni sous la même influence terrestre et atmosphérique.

On le comprend sans embarras, si l'on se souvient de ce que fait observer un géologue de renom, que les mots *genèse contemporaine* ne signifient pas genèse simultanée, *uno temporis puncto, nec uno terrarum loco,* mais une formation comprise dans un vaste intervalle de temps.

Quant à l'état microscopique où sont demeurés certains infusoires, et d'où rien ne semble destiné à les tirer, nous croyons superflu d'y revenir.

LE PROTOTYPE OU L'APPARITION DE LA VIE
SUR LE GLOBE

Les intéressantes expériences de Vœhler, et dans une époque plus rapprochée de nous, celles de Berthelot, ont évidemment démontré que les composés organiques ne se forment qu'aux dépens d'éléments purement minéraux.

L'être organisé ne peut dériver que d'une cellule primitive, élémentaire, secondée par la force vitale, éternelle et universelle.

Cette force entre-t-elle dans l'essence même d'un être supérieur? Est-ce quelque chose de distinct? Nul ne saurait le nier, nul ne saurait l'affirmer. Mais ne nous flattons pas de résoudre la question en disant : Dieu a tout créé, êtres organiques, êtres inorganiques, êtres organisés, cédant en quelque sorte à un caprice qui l'a assailli *un beau jour de loisir*. L'être suprême, s'écrie le religieux Zimmermann, l'être suprême, qui a façonné le système solaire et la voie lactée, ne peut être descendu jusqu'à modeler l'argile, jusqu'à fabriquer des modèles d'animaux, les faire promener par la terre, et les trouvant mal faits, en refaire de plus convenables (*Le Monde avant la création*).

La science nous autorise donc à affirmer aujourd'hui que la cellule constitue la partie fondamentale de tous les corps organiques. On pense que la cellule se forme de petits globules, tels qu'on en trouve dans le sang et la graisse, par leur absorption sans ouverture. Une cellule s'ajoute à une autre cellule, et chacune d'elles est composée de parois pénétrées, abreuvées par un liquide malgré toute absence perceptible de pores. Leur croissance continuelle donne lieu à un organisme et cette constante modification s'accomplit par une opération connue dans la science sous le nom d'endosmose. L'exosmose ou expiration aide les cellules voisines à se nourrir sans avoir besoin de l'introduction directe de la substance nutritive. (Zimmermann.)

Ainsi une cellule en forme une autre à l'intérieur, l'expulse pour ainsi dire en se déchirant et en se refermant aussitôt, sans cesser d'en créer d'autres. Ce procédé élémentaire n'est pas spécialement affecté au végétal ; il est aussi commun à l'animal, avec cette différence que la seconde cellule qui forme l'infusoire, se sépare de la cellule mère, tandis que les cellules végétales restent adhérentes à la cellule génératrice. (*Id., loc. cit.*)

Ainsi que le fait observer M. le docteur Phipson, en descendant aux derniers degrés des deux règnes (animal et végétal), il nous est impossible de caractériser avec certitude certaines productions organiques. Sont-ce des animaux, sont-ce des plantes? Le savant hésite à se prononcer, et avec d'autant plus de raison que quelques zoospores, après avoir montré tous les caractères de l'animal, se métamorphosent définitivement en végétaux. Woehler et Morren, selon le même savant, ont montré que certaines *polygastria*, qui se meuvent librement, éliminent de l'oxygène pur comme les plantes, tandis que Schlonberger et Dopping nous prouvent que les champignons dégagent de l'acide carbonique comme les animaux.

De plus la chlorophylle manifeste sa présence non-seulement dans la *polygastria* et dans l'*hydra viridis*, mais même dans les planaires verts. Le sucre et la cellulose qu'on a regardés comme des productions purement végétales, se voient dans le règne animal comme dans les mollusques, etc. (*Propagateur du Var*, 2ᵉ année, nº 9).

Ce sont sans doute à ces êtres primitifs, que Mˡˡᵉ Royer appelle vésicules germinales, que revient le nom de prototype ou de protoctista.

D'après ce que nous venons de retracer brièvement la vie animale se serait manifestée la première, et une partie de cette matière organique animée, pour des causes que l'on pourrait bien soupçonner, se serait fixée d'une manière permanente dans le règne végétal.

A l'appui de cette opinion est-il besoin de rappeler ce qui est généralement admis aujourd'hui que la terre, masse détachée du soleil et échappée par une tangente à travers l'espace, dut se refroidir peu à peu, en perdant son calorique par un immense rayonnement et par le contact réitéré de l'eau, qui, en tombant sur la masse incandescente, se transformait de nouveau en vapeur et retombait encore à l'état liquide, jusqu'à ce qu'elle pût l'envelopper. En cet état même sous la pression de plusieurs atmosphères la température du liquide n'était pas moins de 300 degrés environ. Ces eaux, imprégnées de matières fécondes, ont dû se peupler les premières d'animalcules capables, comme le fait remarquer Michelet, de résister à une haute température. Contre cette opinion surgit une seule difficulté, à savoir que les végétaux étaient nécessaires à l'entretien de la vie animale. Mais pourquoi les premiers zoophytes ne se seraient-ils pas nourris aux dépens les uns des autres ? ne serait-il pas possible que les animaux quels qu'ils fussent organisés, développés les premiers, eussent approprié à leur sustentation les végétaux à peine naissants, ou des subtances en voie de formation ? On peut, sans rien compromettre, adopter cette manière de voir, ou tout au plus croire à la simultanéité de la production animale et végétale.

Nous avons raisonné jusqu'ici d'après le système des plus larges concessions. Que sera-ce si nous prouvons que ni les premiers venus de la création, ni même leurs descendants de gros calibre n'avaient nul besoin de plantes pour se nourrir ? L'argument de ceux qui veulent attribuer la priorité à la vie végétative, en la considérant comme nécessaire à l'alimentation des animaux, va s'évanouir devant les irrécusables enseignements de la zoologie.

En effet, on sait que quelques sauriens ont paru dès la période silurienne, au lendemain pour ainsi dire de l'incandescence du globe. Ces animaux, ainsi que l'affirme Hawkins, avaient tous des habitudes carnivores : *its habits were carnivores, its food fishes and the young of its own species.*

Dans cette catégorie entrent les ichthyosaures, les plésiosaures, les ptérodactyles, les mososaures, les mégalosaures, et nous croyons même les iguanodons dont le classement a soulevé bien des doutes dans l'esprit des savants.

Encore un coup, que faut-il penser de Moïse ? Oh ! nous ne nous le dissimulons pas : pour certaines gens la foi tient lieu de tout, et la science est bagatelle grande, comme disait Lucien.

Quelle nécessité, nous dira-t-on, de contredire la Bible et bien des savants fidèles à la lettre de cette tradition ? Elle nous est indiquée par les recherches qu'ont faites d'autres savants et dont le résultat est tout en notre faveur.

Ainsi le tableau synoptique des fossiles de l'Amérique et de l'Europe en corrélation avec les couches primitives du globe, donné par Hitchcok signale d'abord les zoophytes et les mollusques : nous l'avons déjà vu dans notre chapitre consacré à Moïse.

Dans quelques pages précédentes du même ouvrage, l'auteur avait dit que la vie végétale est aussi primitive que la vie animale : *a vegetable life must have commenced on the globe as early as animal life :* et en parlant des premiers fucoïdes découverts dans les plus anciennes roches fossilifères de la Grande-Bretagne, il cite la *Gordia marina* rangée par le professeur Sodgwick parmi les plantes, et considérée par le professeur Emmons comme un zoophyte sous le nom de *Gordius, or hair wom*, ver capillaire.

Huot assigne le premier rang aux polypiers.

Rien pourtant n'est aussi curieux à consulter que le tableau donné par le professeur Bronn. Un coup d'œil sur les espèces animales et végétales parues dans le terrain silurien inférieur :

Phylozoa radiata, .	36	Pteropoda,	1
Ammorphozoa,	1	Heteropoda,	10
Polypi,	29	Gasteropoda,	38
Bryozoa,	12	Cteniobranchia,	34
Anthozoa,	77	*Cephalopoda,*	35
Echinodermata,	6	*Entomozoa,*	218
Malacozoa,	260	Vermes,	4
Brachyopoda,	151	Crustacea,	214
Pelecypoda,	25	Entomostraca,	214

Total 1365 dans le seul silurien inférieur.

Voici pour les plantes comprises non-seulement dans le terrain silurien inférieur, mais encore dans le silurien supérieur : *cellulares* 9 ; *vasculares* 9.

Ces chiffres sont-ils assez éloquents pour prouver que l'on a pris pour de l'inspiration ce qui n'était qu'une faible supposition, une assertion des plus aventureuses de la part de Moïse?

Un dernier appoint à notre présomption; nous l'empruntons aux infusoires. Si la plupart d'entre eux, ne portant, selon l'affirmation de M. Dujardin, la trace d'aucune cavité digestive, d'aucun organe générateur, vivent les uns dans les eaux les plus pures, les autres dans les eaux vaseuses, celles-ci, aux époques primitives, ne devaient-elles pas être richement douées d'éléments nutritifs analogues?

Nous ne sachons pas que les monades, les ambiens, les polygastres et mille autres, ayant tous le caractère de l'animalité, aient besoin de végétaux pour vivre.

Quoi qu'il en soit, est-il bien exact de faire sonner si haut toutes ces prétendues richesses d'arbres, de fruits de toutes sortes, lorsqu'il ne s'agit que de quelques algues filiformes, en face d'une faune déjà très-considérable que nous étalent les formations cambrienne et silurienne?

L'ŒUF

Quel est le degré de vérité qu'il faut accorder à l'aphorisme d'Harvey — *omne vivum ex ovo* — aphorisme si religieusement invoqué par les Panspermistes?

Nous avons déjà vu quel sens attachait lui-même à ce fameux œuf le naturaliste de Kent.

Personne peut-être n'a jeté un regard plus profond, ni plus scrutateur dans les secrets replis de la nature, que lui. Assurément, les êtres ne sont pas engendrés tout d'une pièce.

Les hétérogénistes qui l'entendraient ainsi ne seraient pas plus fins que les crédules partisans du divin potier de Moïse.

Il était réservé au génie d'un homme justement admiré de tous les esprits indépendants des deux mondes, M. le docteur F. Pouchet, l'éminent directeur du muséum de Rouen, de nous donner le vrai sens de l'œuf, ce prétendu antécédent de toute éclosion animale. Pour cela, il n'a pas eu recours à des déclamations ou à des textes, mais aux expériences, seules propres à fournir un critérium au-dessus de toute atteinte. Le remarquable ouvrage de M. le docteur Pennetier donne sur ce point la plus ample satisfaction, et dans l'intérêt de la vérité si largement méconnue en France, nous voudrions le voir entre toutes les mains. .

Pour nous, cédons la parole à M. le docteur Phipson : « Des ova (œufs, spores) seuls peuvent se développer spontanément. Et voici comment : un certain nombre de cellules organisées se groupent pour former une pellicule que Pouchet appelle la *pellicule proligère*. En restant seize à dix-huit heures au microscope comme Pouchet et Mantégazza l'ont fait, nous voyons ces *ova* se former dans la pellicule proligère exactement comme l'œuf se forme chez les animaux supérieurs, et se développe ensuite en être parfait. Ce phénomène se produit sous l'influence d'une force organisatrice primitive qui est active dans la nature de nos jours comme elle l'était au commencement. Nous ne pouvons pas la caractériser, nous pouvons seulement en étudier les effets. C'est cette même force qui forme les cellules des plantes, qui cicatrise les plaies, qui constitue la croissance ou le développement, qui forme l'embryon dans la matrice. Et cette force est sans doute *corrélative*[1] avec les autres vibrations de la matière, appelées forces (chaleur, électricité, affinité chimique, etc.), comme Grove et Carpenter ont essayé de le démontrer. D'abord des composés organiques dérivés primitivement, comme nous l'a-

---

1. Qui peut être remplacée, équivalent pour équivalent, par une autre force.

vons vu, du règne minéral, se groupent pour former une protoctista, une cellule qui n'est ni végétale ni animale, mais qui participe aux propriétés de tous les deux. »

Cela constitue la *pellicule proligère* de Pouchet. Cette cellule primitive peut donner naissance à deux autres cellules, une cellule végétale, un protococcus, et une cellule animale, une *monade*. Ou bien les circonstances peuvent être telles, qu'il ne se forme qu'une cellule végétale (*ferment alcoolique*), ou, dans d'autres circonstances, une cellule animale d'où naissent des *vorticelles*, etc. »

RÉSUMÉ DE LA QUESTION

PAR M. LE Dr PENNETIER

Il est une maladie, dont le genre humain est radicalement affecté, et pour laquelle le seul médecin est le temps, celle de condamner ce que l'on ne connaît ni en théorie ni en pratique.

Dans quelles conditions les générations spontanées sont-elles possibles? Leurs plus acerbes adversaires seraient en peine de répondre. Quand l'esprit de parti rencontre une autorité qui s'harmonise avec ses préjugés et ses goûts, elle lui suffit pour qu'il caresse son erreur ou qu'il rejette tout examen. M. Pasteur avait déclaré la genèse spontanée impossible, comment croire le contraire? N'est-ce pas là un vrai savant? s'écrie M. Chauvet.

M. Flourens lui-même pécha de confiance. M. le docteur Simon, M. de Quatrefages et d'autres adhérents, croyant à la légère leurs principes religieux en danger, se sont dispensés de s'expliquer pourquoi les hétérogénistes n'ont jamais manqué aucune expérience;

pourquoi ils précisent d'avance tous les effets de leurs opérations, et que toujours et partout ils trompent les prévisions ou dépassent les exigences de M. Pasteur.

On s'entretenait un jour des expériences de M. le docteur Pouchet : Oh ! de grâce, monsieur, interrompit une personne : — laissez-moi ma foi. — Et à quoi ? lui répondit-on. — Aux paroles de l'Église. — Oui, les prêtres tonnent contre ceux qu'ils appellent les *libres penseurs* pour substituer à leurs ouvrages la *Semaine religieuse*, où il est dit de quelle couleur doit être la chasuble du dimanche, quelles sont les mutations de curés dans le diocèse, quels seront les prédicateurs de l'Avent, et cela moyennant 6 francs au profit... Comme on sait, la *Semaine religieuse* dispense de penser et de lire autre chose si ce n'est elle. Et Pelletan a eu raison d'écrire : La France qui ne pensait guère il y a dix ans, pense encore moins aujourd'hui ; elle semble avoir formé une société de tempérance contre la lecture. Faut-il croire que les écrivains dont il a été question dans le cours de notre livre, en font partie ? Montrons-leur au moins qu'ils sont mal renseignés, en résumant ci-après les conclusions que M. le docteur Pennetier a données dans son excellent ouvrage : l'*Origine de la Vie*.

« La genèse spontanée hétérogénique consiste dans la production d'un être organisé nouveau, sans parents et dont les éléments primordiaux sont tirés de la matière ambiante organique. Elle se manifeste toutes les fois qu'un liquide putrescible est exposé au contact de l'*air*, *dans des conditions données de chaleur, de lumière et d'électricité.* »

Ce simple début révèle tout ce qu'avait d'inexact le langage de M. Flourens qui ne mentionne que l'*air* et *les matières putrescibles.*

Après avoir rappelé que par exception seulement l'air contient quelque œuf de microzoaire ou quelque spore de cryptogame confondus avec des grains d'amidon ou de granules de silice, M. le docteur Pennetier continue ainsi :

« L'expérience directe et à ciel ouvert prouve qu'il n'est pas non plus possible de donner pour origine aux proto-organismes des infusions, des atomes ou germes imperceptibles, autres que des ovules ou des spores ; les caractères de ces derniers sont connus, et les panspermistes n'ont jamais pu les rencontrer dans l'air. Les limites de leur résistance vitale sont calculées, et ils apparaissent dans des milieux préalablement soumis à des températures excédant de beaucoup ces limites. »

M. le docteur Pennetier n'avance rien dont il n'ait fourni une preuve éclatante dans ses savants articles avec des figures à l'appui, et nous engageons l'honorable M. le docteur Simon à y trouver la confirmation des lignes suivantes :

« On peut, sans entraver la production d'organismes, substituer à l'air atmosphérique, de l'air fortement calciné, de l'air lavé dans l'acide sulfurique concentré, de l'*air artificiel* ou de l'*oxygène.* On peut également remplacer l'eau ordinaire par de l'eau bouillie ou par de l'*eau obtenue artificiellement*. On peut enfin, soit par la voie sèche, soit par la voie humide, porter le corps putrescible à des températures extrêmes. Il se produit donc des microzoaires et des mycrophytes dans des milieux absolument privés de tout vestige d'organisme vivant.

» On ne rencontre jamais d'infusoires ciliés lorsqu'on opère en vases clos et avec des liquides bouillis. On obtient à volonté des infusoires ciliés ou non ciliés, des animalcules ou des plantes : il suffit, pour cela, de faire varier les conditions de l'expérience.

» La production des proto-organismes est proportionnelle à la quantité de matière putrescible employée et *non pas à celle de l'air*, comme cela devrait avoir lieu dans l'hypothèse panspermiste.

» Sous un même volume donné d'air mis successivement en contact avec des infusions diverses, on voit se développer des faunes et des flores différentes.

» La production des microzoaires non ciliés se fait en raison directe du cube de la masse de liquide fermentescible, et celle des infusoires ciliés, en raison inverse du carré de la surface de ce même liquide.

» Toujours l'apparition d'un organisme compliqué est précédée de celle de formes inférieures dont souvent il dérive : et l'observation microscopique permet de suivre, jusque dans ses infimes détails, sa genèse, son développement et son éclosion.

» Les phénomènes de genèse spontanée, si intenses lorsque leur marche régulière est respectée, se mani-

festent encore, tout en s'amoindrissant successivement, à mesure qu'on multiplie les entraves, pour
cesser enfin de se produire lorsque les phénomènes
de fermentation et de putréfection sont eux-mêmes
empêchés. Les hypothèses mises en avant par les
défenseurs de la panspermie, pour expliquer leurs
résultats, ne découlent pas nécessairement de leurs
expériences. Enfin, les expériences invoquées jusqu'à
ces derniers temps contre la genèse spontanée hétérogénique ont été démontrées sans valeur, *reconnues
telles par les panspermistes eux-mêmes*, et celles qui ont
été récemment entreprises dans le même but, sont
toutes entachées de quelque cause d'erreur. Il n'en
est pas une seule dont les hétérogénistes ne puissent
expliquer les résultats sans avoir recours à l'hypothèse de germes préexistants.

» L'hétérogénie est donc une vérité démontrée, et
non-seulement elle nous rend compte de l'apparition
de ces myriades d'animalcules qui peuplent les infusions, mais elle nous révèle comment la vie a pu apparaître sur la terre primitivement minérale.

» La genèse spontanée ne produit jamais que des
organismes relativement fort simples. Elle est le premier degré de l'organisation. Lorsqu'elle se manifeste
au sein des tissus préexistants, elle ne donne non plus
naissance qu'à des éléments anatomiques. Elle est
donc impuissante à nous rendre compte de l'apparition des animaux supérieurs ; il faut en chercher ailleurs l'explication...

» Toutes les branches de la science des êtres organisés aboutissent, en dernière analyse, à la variabilité sous l'influence des milieux, de ce que l'on est convenu d'appeler *espèces*. Ces dernières proviennent de transformations lentement opérées durant les siècles, ainsi que le démontrent notamment les nombreuses formes intermédiaires qu'exhume chaque jour la paléontologie, et le retour passager et tératologique de certains animaux aux caractères de types disparus. Si donc la genèse spontanée ne fit, comme aujourd'hui, apparaître à l'origine que des organismes relativement élémentaires, elle a suffi à produire des types dont la *mutabilité* s'est emparée, et qu'elle a successivement perfectionnés.

» L'hétérogénie et la mutabilité se complètent l'une l'autre. Dans les sciences d'observation tout fait en dehors de la phénoménalité est ultra-expérimental, et partant ultra-scientifique.

» Enfin, la doctrine que nous professons a l'avantage immense de lier le présent au passé et à l'avenir. »

Que pourrions-nous ajouter à des paroles aussi éloquentes et d'une aussi merveilleuse concision? si ce n'est la juste réflexion que nous fournit, dans son style magique, Eugène Pelletan.

« Ce siècle-ci a donc pénétré plus avant qu'aucun autre dans le secret de la nature, et, comme la faune du Titien, soulève un coin de plus du voile de la nymphe endormie. » (*La Nouvelle Babylone*.)

NOTES COMPLÉMENTAIRES

* Admettons avec les physiologistes que la substance cérébrale se renouvelle six ou sept fois, mais le moule n'existe pas moins dans toute son intégrité; et cela suffit pour que l'impression demeure avec tout le cortége de ses phénomènes sensitifs ou intellectuels.

Nysten vient à notre appui, lorsqu'il fait dépendre la mémoire de la reproduction des *impressions qu'ont laissées dans nos organes cérébraux les modifications que ceux-ci ont éprouvées*. (Édit. 1845.)

Une blessure que nous a occasionnée un coup de pierre, à l'âge de neuf ans, nous a laissé sur le front une profonde impression, appelée communément *cicatrice*. Les nombreuses années, amenant avec elles le changement de substance, l'ont-elles fait disparaître? non, pas plus que les sensations pénibles d'un nerf foulé ou contondu.

Les piqûres causées par la variole, une lentille, une *envie* qui ont marqué votre visage, la vie la plus longue n'a pu les effacer. Il y a donc là quelque chose qui persiste, et dont rien ne dénature la fonction.

M. E. Briard, dans la *Pensée nouvelle*, nous paraît avoir victorieusement prouvé que le matérialisme seul, est à l'aise pour expliquer le mécanisme de la mémoire.

Au reste, si le matérialisme rencontre là une difficulté, le spiritualisme est-il plus heureux, lui qui court encore à la recherche du mode dont l'esprit agit sur la matière et qui n'a d'autre ressource que le mystère pour se tirer d'embarras? Voyez Damiron et Géruzez : dans quel *imbroglio* ne se trouvent-ils pas ! De conclusion ? point !

Descartes et Malebranche, après avoir tout rapporté aux nerfs et *aux traces* que les fibres les plus imperceptibles, à l'aide d'un fluide très-subtil, laissent dans le cerveau, finissent par se jeter dans des hypothèses contradictoires, pour sauver la *souvenance du passé dans une autre vie.* Et qu'est-ce qui les porte à croire à cette *souvenance* après la mort? Une supposition!!!

L'abbé Barbe (*Cours élémen. de Phil.*, 1846) tient plus que tout autre à sauver le chou et la chèvre; mais à quoi aboutit-il ? à l'incertitude, au vague. Il accorde, il rétracte, il modifie, il biaise à chaque ligne, après avoir posé ce principe : « la mémoire se montre en général très-dépendante de l'état du corps. »

Pauvre esprit ! tu ne te révèles même pas à tes plus chauds partisans.

Dans le cours de cet ouvrage, nous avons dit que sans la théorie darwinienne, on serait fort embarrassé pour expliquer le but de tant de monstres apparus dès le principe et disparus après la période liasique. Eh bien, c'était une erreur de notre part. M. Buckland prétend que les Sauroïdes et les Sauriens ne se sont succédé dans le globe (*fide majus!*) que.... pour dévorer les herbivores, dont la multiplication eût été effrayante.

Nous félicitons le savant naturaliste de la découverte qu'il doit sans doute à quelque révélation spéciale.

Mais pourquoi, si Dieu a tout créé, pourquoi se donner la peine de faire ce qu'il était bientôt obligé de défaire ? Est-ce qu'il s'était trompé dans ses calculs ? Ne pouvait-il réduire à de moindres proportions l'apparition de certains êtres voués ainsi à la destruction ? *O interpretum altitudo!!* mieux aurait valu pour M. Buckland de recourir au MYSTÈRE ; c'eût été plus digne..... et plus profond.

*** M. Trémaux a exigé des Hétérogénistes la *volonté* dans un creuset ; nous lui avons répondu : Point de volonté sans cerveau. Mais c'est précisément ce que je demande, pourrait-il répliquer. Et comme le cerveau tout seul serait insuffisant, il lui faudra tout l'attirail de l'organisme humain. De cette façon ce serait l'homme tout entier qu'il voudrait dans un récipient. La demande de M. Trémaux ramenée à cette expression serait une pure plaisanterie à laquelle nous répondrions sur le même ton.

Pour expliquer votre admirable système, vous avez

posé ce principe : *la chaleur attire en raison de ses différences et repousse en raison de ses similitudes*. A l'appui de votre loi vous avez cité plusieurs expériences :
les pieds dans la neige, les mains dans l'eau chaude;
la marmite de la cuisinière, la cornue du distilla-
teur, etc., etc. De là vous avez conclu l'éloignement
ou le rapprochement des astres et surtout l'attraction
de la lune froide par la terre relativement chaude.
Or çà ! serait-on bien venu à vous dire : Monsieur,
je ne croirai à votre *principe universel* que lorsque,
par le mécanisme d'une machine par vous inventée,
vous serez parvenu à éloigner ou à rapprocher une
planète au choix.

L'homme ne saurait vérifier les lois de la nature
que dans un cercle proportionné à ses forces et à ses
moyens d'action. Les Hétérogénistes donc ont droit
d'être fiers, quand même ils ne pourraient étendre
leurs efforts au delà d'un vibrion ou d'un tardigrade.

Nul n'a montré avec plus d'évidence que le
P. Lacordaire les idées subjectives aux prises avec la
logique. « Voici de la matière, dit-il; est-elle créée, ou
n'est-elle pas créée? Si elle n'est pas créée, elle existe
donc par elle-même (*pourquoi pas?*); comment quelque chose de vide (*est-ce que Dieu est quelque chose de
plein?*), d'aussi inerte (*erreur et confusion*) peut-il
exister par soi-même? Qu'est-ce qui peut limiter
quelque chose qui existe par soi-même (*et qui a jamais prétendu limiter les éléments de la matière; ne*

pourrait-on pas en dire autant de Dieu qui n'est pas la matière, qui n'est pas la boue, etc., etc. ?)! Quoi ? une poussière existe par elle-même (*nouvelle confusion de la forme avec les éléments ou corps simples*), quand j'ai une fièvre, elle ne peut se guérir, voilà qui est bien extraordinaire ! (*oui, si tout cela était vrai, ce serait bien extraordinaire; mais qui ne sait que la fièvre se guérit mille fois toute seule?*)

» Si elle n'existe pas par elle-même elle est donc créée. Mais qu'est-ce que créer? Qu'est-ce que faire ce qui n'était pas et le FAIRE AVEC RIEN, sans le secours d'une matière préexistante? Voilà un autre abîme... » Oui certes, c'est là un abîme impossible à franchir, eût-on les jambes de l'Ange de l'Apocalypse, ou le vol de l'aigle comme le P. Lacordaire.

L'impossibilité où nous avons été de connaitre plus tôt la dissertation de M. C. Flammarion sur la *nature de l'âme*, nous oblige à donner à notre réfutation les étroites proportions d'une note.

M. Flammarion est un esprit supérieur qui mérite d'être lu, mais que son spiritisme pousse au delà des conclusions légitimes. L'étude directe de la chaleur autorise, a-t-il dit, à regarder la lumière, l'électricité, l'attraction, le magnétisme, non plus comme des mouvements de la matière, mais des agents spéciaux.

En acceptant cette proposition sous bénéfice de contrôle, il nous serait difficile de ne pas demander à retrancher de ce nombre l'*attraction*, qui pour nous

est un phénomène représentant un *effet* et non pas
une *cause*. Ce n'est pas parce qu'une *force* impulsive
existe qu'un corps tombe. Le mot *force* est tout de
convention pour exprimer un résultat. Essayons de
le prouver à la hâte. Un corps lancé en l'air retombe,
mais s'il est en équilibre avec l'air ambiant, la prétendue force perd tous ses droits. Une masse de
plomb. jetée dans un liquide, plonge ; mais si elle est
réduite en lame étendue, elle surnage. Au reste,
n'en déplaise à M. Flammarion, la force qu'il nomme
attraction est une *vieille chose* que M. Trémaux a mise
à la réforme depuis longtemps. Donc ce mot ne doit
être employé que comme expédient provisoire.

La lumière, l'électricité, le magnétisme sont des
agents, mais de quelle nature ? Existeraient-ils sans
la matière ? Sont-ils distincts entre eux, ou bien de
pures modifications d'un seul principe, agent, élément. ce que l'on voudra ? Il faut se garder de toute
théorie *à priori*, si l'on veut vivre en bonne intelligence avec la science.

Faut il pour cela rayer le mot *force* de nos diction-
naires ? Nous ne sommes pas de l'avis de notre élo-
quent Spirite. Un mot est un signe, destiné souvent
à peindre une idée, mais il n'est pas une réalité.

Quand nous admettons comme principe répandu à
l'infini dans l'univers une *force vitale* qui fait ici
la fleur, là un chêne, ici un ciron, là un homme,
nous avouons que ces deux mots sont de purs *sons*
par nous adoptés pour désigner un *quid* inconnu

dans son essence, mais incontestable dans ses effets. Le mot *matière* n'a pas plus de réalité ni de portée.

M. Flammarion, après avoir admis, comme nous, une *force* invisible, en improvise une âme dont il fait une entité à part, sans nous expliquer, nous ne disons pas le *pourquoi*, mais le *comment*. « *Cette puissance agit évidemment à l'aide des éléments du milieu ambiant* : (il aurait fallu ajouter — *et nécessairement* —) *Cette puissance*, l'AME... » Voilà l'écueil où toute sa théorie, bien qu'habilement exposée, vient échouer. Car cette force diffuse, M. Flammarion la convertit, par un coup de baguette, *en esprit qui a son siége dans le cerveau, et sans doute en un* POINT INFINIMENT PETIT *du cerveau*. Et pourtant, qui le croirait ? Après cette localisation bien accentuée, il nous affirme que l'Esprit n'occupe *aucun lieu* déterminé dans le corps. Et plus loin : « l'âme ne peut rien correctement sans ses instruments organiques... » Pourra-t-elle quelque chose après sa séparation d'avec ses instruments, sans une prompte *réincarnation dans la lune* au moins, avec des éléments relatifs et différents, ainsi qu'il le fait concevoir ? Triste destinée pour des êtres qui n'ont pas demandé à vivre ! C'est le — ôte-toi que je m'y mette. — Cruel jeu ! et le poëte avait raison de dire dans son amer désespoir :

> « Sans doute, Dieu fait là des choses inconnues
> « Où la douleur humaine entre comme élément. »

Ne serait-il pas plus rationnel de faire retourner cette *force vitale*[1] à son état primitif, comme l'air qui, en passant par des tubes transversalement fendus, fait entendre des sons variés. mais qui, après ce fonctionnement, n'est plus que de l'air ?

Malgré notre envie d'abréger. nous ne pouvons résister à la tentation de reproduire les passages suivants : « L'Esprit construit certainement lui-même tout l'ensemble de son appareil organique à l'aide des substances qu'il trouve dans le milieu ambiant; l'esprit lui commande (à la matière), il est commandé par elle. » Deux commandants : *Æquo jure* ?

Nous respectons la mémoire d'Euler autant que qui que ce soit ; mais ce que M. Flammarion en reproduit est une pure logomachie, dépensée au profit d'une supposition.

Nous nous abstenons de parler de l'*intermédiaire*, de la durée, du temps, de l'espace, du rêve tel que nous l'explique le savant Spirite, de la pile artificielle confondue — à tort — avec une pile vivante.

---

1. Ce serait peut-être plus exact de dire *force organisatrice*. Cette force organisatrice, nous dira-t-on, la connaissez-vous mieux que nous ne connaissons nos agents? Non, et c'est pour cela que nous voudrions, pour l'honneur de la logique, demeurer dans le cercle des éléments connus, sans nous jeter dans des *transcendants* imaginaires. Au surplus, une difficulté embarrasse moins que mille. Car, ne l'oublions pas, derrière l'âme humaine se rangent, en interminable bataillon, les âmes des bêtes, qui demandent aussi à connaître leur nature, leur origine et... leur fin. Dans quelle planète les enverrons-nous s'ébattre ?

Tout cela n'est que secondaire, et, d'ailleurs. nous mènerait trop loin, sans trop d'utilité.

Deux réflexions avant de finir. Cette multiplicité d'*agents* admise par M. Hern. ne risque-t-elle pas de compliquer l'action de la nature, toujours admirable par l'unité et la simplicité de ses procédés ? La théorie de M. Trémaux nous semble bien mieux répondre à cette manière de voir.

QUE PENSENT TOUS NOS SPIRITUALISTES DE LA SENSIBILITÉ ET DE LA VOLONTÉ RENDUES A UNE TÊTE — détachée de son tronc — PAR L'INFUSION DU SANG FRAICHEMENT OXYGÉNÉ [1] ?

---

1. M. le Dr Bader vient de publier, dans la *Revue populaire*, une nouvelle théorie de l'âme. Son article — très-remarquable — n'étant pas achevé, il nous est impossible d'en dire toute la valeur. Bornons-nous à constater pour le moment que, d'après lui, l'élément passif est *solide, résistant et distinct* de l'élément actif et pensant qui est une *force inétendue et n'existant pas dans l'espace.*

DESCRIPTION DE QUELQUES ANIMAUX
NOMMÉS DANS CET OUVRAGE

Ichthyosaure. — L'ichthyosaure est un poisson-lézard. Il avait plus de sept mètres de longueur. Ses énormes mâchoires ressemblaient à celles du dauphin ; ses dents à celles d'un crocodile. Il avait la tête et le sternum d'un lézard, la nageoire d'une baleine et la vertèbre d'un poisson. On prétend que la conformation de ses pattes ne lui permettait pas de sortir hors de l'eau, bien qu'il fût obligé de venir souvent respirer à la surface.

Plésiosaure. — (Nom qui signifie voisin des lézards.) Il avait les dents d'un crocodile, un cou extraordinairement long, avec le tronc d'un quadrupède et les rames analogues à celles de l'*Ichthyosaure*, bien que plus grandes, et enveloppées d'une épaisse membrane couverte d'écailles, commes les pattes d'une tortue de mer : sa grosse queue lui servait de gouvernail.

Ptérodactyle. — Ce reptile se rapprochait des oiseaux par la forme de sa tête et du cou, des mammifères ordinaires par la forme du tronc et de la queue, tandis que ses ailes rappelaient celles des chauves-souris. Cet animal marque le passage entre les reptiles et les oiseaux. (*Ptérodactyle* signifie *aile-doigt*.)

MOSASAURUS. — Ce monstre qui mesurait dix mètres de longueur tenait le milieu entre le crocodile et le lézard. Les doigts de ses pieds étaient palmés ; il nageait facilement, mais il pouvait aussi ramper sur la terre où il pondait probablement ses œufs. Son nom signifie saurien de la Meuse ou *crocodile* de *Maëstricht*.

APTÉRYX. — Espèce d'oiseau sans ailes, se liant par son bec aux échassiers, et par ses pieds aux gallinacés ; il a fort embarrassé les savants pour son classement. Il habite la Nouvelle-Zélande et ne pond qu'un œuf gros comme celui d'un canard.

ORNITHORHYNQUE. — Quadrupède couvert de poil et muni d'une sorte de bec corné mais aplati et garni de lamelles sur ses bords. Pieds courts, doigts membraneux. Il n'a que deux dents ayant la forme de deux molaires. Les mâles ont un ergot aux pouces de derrière ; les femelles n'en ont pas. Elles sont vivipares et leurs mamelles sont peu apparentes. L'Ornithorhynque est dit monotrème, c'est-à-dire n'ayant qu'un orifice pour l'expulsion de l'urine et des matières fécales, comme les oiseaux. Cuvier l'avait rangé parmi les édentés. Les zoologistes modernes le rapprochent des marsupiaux. Blainville avait créé pour lui une sous-classe spéciale sous le nom d'Ornithodelphe. Est-il oiseau, est-il édenté, est-il marsupiau ? il est un peu de tout cela. Darwin seul peut rendre compte de cette bizarrerie de nature et de forme. Son nom signifie bec d'oiseau et mieux oiseau à bec.

IGUANODON. — Ce monstre à dents d'iguane (lézard à fanon) avait vingt mètres de longueur, et cinq mètres de circonférence. Ce corps massif était soutenu par quatre jambes plus grosses que celles de l'éléphant. Des écailles impénétrables lui servaient de cuirasse. C'est peut-être le premier des animaux-monstres qui fit des végétaux sa nourriture. Aussi, n'a-t-il paru que plus tard.

ANOPLOTHÉRIUM. — Animal de la grandeur d'un cheval de petite taille, de jambes courtes et muni d'une forte queue ; il se nourrissait de tiges et de plantes aquatiques. Il avait quarante-quatre dents et ses pieds fendus comme ceux des ruminants. Cet animal est contemporain des terrains crétacés ou tertiaires. Son nom signifie animal sans armes ou inoffensif. (*Anoplos* sans armes, *therion* animal).

DINOTHÉRIUM. — Son nom signifie *animal terrible*. Il dépassait la taille des plus forts éléphants. Sa tête seule avait un mètre et trente centimètres de longueur sur un mètre de largeur. La longueur de son corps dépassait les cinq mètres.

A MONSIEUR LE Dr F. POUCHET

DIRECTEUR DU MUSÉUM D'HISTOIRE NATURELLE DE ROUEN
CORRESPONDANT DE L'INSTITUT
OFFICIER DE LA LÉGION D'HONNEUR, ETC., ETC.

Monsieur,

Voici mon opuscule : puisse-t-il ne pas trop vous déplaire, malgré les quelques hardiesses dont il est parsemé, et que je ne crois pas inopportunes dans un siècle où l'hypothèse voudrait étouffer la science.

S'il peut paraître sous vos auspices, Monsieur, son auteur en sera fier.

A mes yeux vous avez plus fait que Darwin. Si le savant anglais a cherché à lire dans les mystérieux feuillets de la nature, vous avez arraché à cette dernière son premier secret par les pénétrants efforts de votre génie.

Peut-être eût-il fallu une autre plume que la mienne. Mais le sentiment qui l'a guidée, est la seule chose dont je vous prie de me tenir compte : ce sentiment est celui de l'admiration et du respect que vous doit tout homme ami de la vérité.

Je suis,

Monsieur,

Votre très-humble et très-dévoué serviteur,

Ch. D. ROSSI.

A MONSIEUR LE CH. D. ROSSI

MEMBRE DE PLUSIEURS SOCIÉTÉS SAVANTES DE LA FRANCE
ET DE L'ÉTRANGER, ETC.

Monsieur,

La thèse que vous soutenez sur le darwinisme et les générations spontanées me semble absolument dans l'ordre logique, et vous vous déclarez, avec raison, partisan convaincu de l'une et de l'autre doctrine.

Au moment où tant de clartés se répandent sur les diverses époques de la nature, et où quelques hommes de génie sapent si victorieusement cette immobilité dans laquelle Cuvier et son école semblent vouloir enchaîner la création, on s'étonne de voir certains savants déployer tant et tant d'efforts pour en arrêter l'œuvre.

L'origine de la vie se perd dans l'abîme des temps; mais à mesure que les siècles se déroulent, les for-

mes changent et se compliquent ; tout naît, se développe et meurt ; des débris d'une création surgissent
des créations nouvelles, et dans cet incessant mouvement du monde animé, tout se transforme ; immuable et puissante, la loi posée franchit les âges et
l'éternité.

Mais où commencent à poindre les premières manifestations de la vie ? où surgissent les premiers phénomènes de la mutabilité ? Quelle puissance les met
en œuvre, où s'arrêtent leurs efforts ? Ce sont là autant d'insondables mystères. Mais si d'impénétrables
lois régissent l'évolution de la vie, leurs résultats ne
peuvent être contestés !

Lamarck et Darwin me paraissent tous les deux
avoir émis de grandes vérités ; seulement, l'un et
l'autre soutiennent leur système avec trop d'exclu-
sion : la vérité dérive évidemment des deux, renfer-
més dans certaines limites. Et, en effet, dans l'état
actuel de la science, pour tout esprit sérieux et indépendant, il devient impossible de nier la multiplicité
des créations et la mutabilité des espèces.

Mais, les mêmes savants qui combattirent Lamarck, et dont nous avons nous-mêmes subi les derniers efforts, devaient fatalement combattre Darwin
pour être d'accord avec leurs principes. Cuvier et ses
successeurs, en classant dogmatiquement la création,
pour première conséquence de leurs travaux, devaient
la proclamer immuable ; sans cela leur œuvre, au
lieu d'être impérissable, n'était plus qu'une produc-

tion éphémère, l'hétérogénie et la mutabilité venant quotidiennement en embrouiller les pages.

Les strates peuplées d'organismes apparaissent comme autant de feuillets étalant magistralement toute l'histoire de la création ; splendide volume dont pas une page ne se trouve égarée pour l'habile interprète de la nature. Là, en présence de cette incessante évolution de la vie, attestée par chaque couche de l'écorce du globe ; et en présence de cette perpétuelle mutabilité de formes qu'on y observe, il ne peut s'offrir à l'esprit que deux solutions : la génération spontanée ou la mutabilité ; il faut choisir !

Mais il est probable qu'on doit évoquer en même temps l'un et l'autre moyen.

A l'exception de Lamarck, les partisans de la mutabilité semblent généralement ne pas se douter de l'appui qu'ils pourraient trouver dans la thèse de l'hétérogénie : ainsi que le dit un de ses plus éloquents défenseurs, ces deux doctrines se complètent l'une l'autre.

Vous n'êtes pas dans ce cas, Monsieur ; aussi je puis vous dire que vos vues sur cette dernière se trouvent, chaque jour, de plus en plus affirmées. En effet, maintenant que les passions se sont amorties, partout l'expérience, avec sa toute-puissance, a fait taire le despotisme autoritaire.

Aujourd'hui, la genèse spontanée est admise par les savants les plus considérables de l'Angleterre, qui nous donne l'exemple de l'indépendance, et on la professe dans les plus célèbres universités de l'Europe et de l'Amérique ; et au sein même de l'Académie des sciences de Paris et de la Société royale de Londres, on en expose maintenant les résultats avec tant et tant d'autorité qu'aucune voix ne s'élève plus contre ses doctrines.

D'après tout ce que je viens de dire, vous le voyez, Monsieur, je ne puis que vous féliciter d'avoir écrit en même temps sur le darwinisme et sur l'hétérogénie ; l'un et l'autre existent évidemment ; mais ce qui reste encore à faire, et c'est là l'effort suprême, je le répète, c'est de tracer la limite où s'arrêtent l'une et l'autre puissance ; celui qui en aura le génie, pour me servir de l'expression de Linnée, *erit mihi magnus Apollo.*

Recevez, je vous prie, Monsieur, l'expression de ma vive considération.

POUCHET.

Au Muséum d'histoire naturelle de Rouen, le 1er février 1870.

TABLE DES MATIÈRES

AUTEURS CITÉS DANS CET OUVRAGE

Aristote.
Arago (François).
About.
Asseline.
Blanc (l'abbé).
Beudant.
Becquerel.
Bader.
Berthoud.
Broun.
Bautrand.
Bunzen.
Buffon.
Buckner.
Babiani.
Broca.
Barbe (abbé).
Bonnet.
Briard (Em.).
Bory Saint-Vincent.
Berthelot.
Chladni.
Calmet.
Cauvière.
Cabanis.
Coste.
Chiff.
Careil.

Claude Bernard.
Chevreuil.
Cuvier.
Chauvet.
Coudereau.
Cagliari Domenico.
Carpenter.
Donné.
Dopping.
Darwin.
Duruy.
Damiron.
Dupanloup.
Dujardin.
D'Orbigny.
Delafosse.
D'Alembert.
David.
Duffay.
Descartes.
Debay.
Donou.
De Maillet.
Donnet (le cardinal).
Euler.
Emmons.
Eugubin.
Elien.

Imprimerie L. Toinon et Cᵉ, à Saint-Germain.

www.ingramcontent.com/pod-product-compliance
Ingram Content Group UK Ltd.
Pitfield, Milton Keynes, MK11 3LW, UK
UKHW020238180726
13839UKWH00001B/49